デトロイトウェイの破綻

日米自動車産業の明暗

山崎 憲
yamazaki ken

旬報社

はじめに

トヨタはアメリカ市場で二〇〇九年に約四二〇万台、二〇一〇年に二三〇万台と大量のリコールを出した。アクセルペダルにフロアマットが巻き込まれる恐れがあるとの問題から始まり、アクセルを支える部品の強度不足の問題へと発展した。きっかけは二〇〇九年八月の一つの事故だった。レクサス車が暴走し、乗っていた家族四人全員が死亡する事故が起こったが、その一部始終の音声がニュースで流されたのである。最後の言葉は、運転していた父親が家族に向けた「Pray!（祈って！）」だった。その音声は事故直後の映像とともに、インターネットの動画サイトYoutubeに二〇一〇年一月に投稿され、わずか二ヵ月間でアクセス数は六〇万件を超えた。

近年は、どの自動車メーカーであっても大量のリコールは珍しくない。プラットフォームや部品の共通化が進んだため、たとえ一箇所の不具合でも影響をうける台数は多くなるからだ。しかし、それならばなぜトヨタだけが問題とされるのか。そこにはトヨタに対する高い信頼感の反動がある。

そもそも、トヨタがアメリカ市場で躍進した原動力は、燃費の良さと品質の高さである。これによって、電化製品を日常使うような安心感を消費者に与えただけでなく、運転しているだけで知的水準が高いというようなイメージさえもたらした。つまり、燃費の良さ、品質の高さにより、さらなる付加価値を消費者は感じることができたのである。もちろん、トヨタにしてもこれまでリコールに無縁だったわけではない。だが、事故の生々しい音声を多くの消費者が耳にしたことで、トヨタ車を運転することで得られる付加価値としてのイメージが大きく損なわれたと言ってよいだろう。

消費者は壊れたからという理由だけで自動車を買い換えるわけではない。そのため、燃費の良さ、品質の高さといった信頼感やリセールバリューだけでなく、ブランドイメージやその商品を所有することによる付加価値に購買意欲は大きく左右される。どの自動車メーカーであっても、大量のリコールが出る可能性があるのは前述の通りである。そして、トヨタも遅かれ早かれ確実に品質問題において信頼を回復することだろう。しかし、これまで購買意欲を刺激してきた付加価値が低下して、消費者の目がトヨタ車以外に向く可能性が高まることは容易に想像できる。そのときに、「アメリカ自動車メーカーの品質が日本自動車メーカーと遜色ないレベルだった」としたら、消費者はどちらを選ぶだろうか。

燃費の良さや品質の高さが、それ以上の付加価値を産むことがあるように、「かつて品質が悪かった」であるとか「企業の経営状況が悪くリセールバリューだけでなく今後のメンテナンスも心配だ」というようなマイナスのイメージが浸透している場合はどうだろうか。アメリカ自動車メーカーの品質が日本自動車メーカーと遜色のないレベルに到達していたとしても、マイナスのイメージに引きずられて過小評価されることがあり得る。

二〇〇八年第2四半期、アメリカ自動車業界は未曽有の危機に直面した。一七〇〇万台を超えていた市場から五〇〇万台の需要が消えたのである。この数は、二〇〇七年の日本の市場規模に匹敵する。

いくつもの原因が指摘された。金融危機の影響による市場規模の大幅な縮小やガソリン価格の高騰。なかでも、経営に非協力的な労働組合の存在がクローズアップされることが多かった。労働組合が生産性と品質を低下させ、労働組合が獲得した医療保険と年金による負担が高コスト体質を招いているという話である。本書の前半部分は、抵抗勢力としての労働組合のイメージに対し、一九八〇年代から継続して経営側に協力的だったことを明らかにしていく。後半部分では、医療保険や年金などの社会保障において労働組合がどのような役割を担ってきたのか、そして、労働組合が経営に協力することでその役割はどのように変わってきたのかを明らかにする。このメカニズムやプロセスを日本的生産様式を代弁するトヨタウェイと対比する意味でデトロイトウェイと名付けようと思う。


労働組合と経営の関わりについて触れるまえに、二〇〇九年にアメリカの三大自動車メーカーのうちのGMとクライスラーが破綻に至った経緯について整理しておこう。

二〇〇五年、投機的な要素とハリケーンが原油集積地である南部を直撃したという自然現象による影響が加わり、ガソリン価格は高騰を始めていた。これにより暖房に必要なエネルギー価格も上昇した。自動車メーカーが本社を構えるミシガン州は冬期にマイナス一〇度以下になることが珍しくない。このとき州政府は貧困層の凍死を防ぐための助成を行なう法律を制定している。私の同僚の一人によれば、ひと月で二〇〇ドルのガソリン代が五〇〇ドルに跳ねあがったという。

このような状況のなかで、市場需要は低燃費の小型車にシフトした。このときにアメリカの自動車メーカーの製品ラインナップに低燃費の小型車がなかったわけではない。高額で利益率が高い大型車やピックアップトラックが中心で、小型車は大きな比率を占めていなかった。そのため、市場需要に追いついていくことができず在庫不足に陥ったのである。

大型車やピックアップトラックの販売不振は、アメリカの自動車メーカーの収益のもう一つの柱であるリース販売にも悪影響を及ぼした。アメリカ市場では、一般顧客に自動車のリース販売が浸透している。リース販売では、中古車市場を参考としたリース終了後の残価を差し引いて支払い金額が設定される。残価が高ければ、顧客が支払う毎月のリース料は低くなる。ガソリン価格が高騰する以前は、大型車やピックアップトラックが快適性やライフスタイルから選択されることが多かった。中古車価格もある程度の水準を保つことが可能だったのである。ところが、燃費の良くない自動車がほとんど選ばれなくなったため、中古車価格も大きく下落することとなった。中古車価格の下落は、新車購入のための下取り価格を低下させて、消費者の買い替え意欲を減退させただけでなく、リース販売で設定した残価の原価割れも引き起こした。大型車やピックアップトラックなど高額な価格設定の商品に頼ってきた新車販売とリース販売のビジネスモデルがガソリン価格の高騰で二重の悪循環を引き起こし、さらなる市場規模の縮小を招いたのである。これは、二〇〇七年の連結純損益で、ＧＭがマイナス三八七億ドル（約三兆九〇〇〇億円）、フォードがマイナス二六億六五〇〇万ドル（約二七〇〇億円）という大幅な債務超過となってあらわれた。この状況に、リーマン・ブラーズ証券の破綻を契機とする金融危機による経済不況が襲いかかってきたのである。

もう一つの潜在的な危機は、二〇〇五年一一月に行なわれた会計基準改正によって明らかにされた。このときに、連邦会計基準審議会は従業員の退職年金の債務不足額を財務諸表に記載することを義務づけた。このときに明らかになったGMの退職年金の債務不足額はおよそ五〇〇億ドル。これは、二〇〇八年一二月以降にアメリカ政府がGM救済に投じた公的資金とほぼ同額である。会計基準改正前に一六・〇%あったGMの売上純利益率は改正後、四・八%に急落した。

ガソリン価格が急騰する以前の自動車市場はどうだったのだろうか。二〇〇五年に北米自動車販売台数は史上最高を記録している。アメリカの好景気に市場が支えられていたことに加えて、二〇〇一年九月一一日のテロ以降に沸き起こった米国車を支持する愛国的運動により、二〇〇五年のGMは単独で三〇%近くのシェアを確保していたのである。同じ年の決算で、GMは赤字に転落している。その理由は会計基準改正である。それでは、GMはこの機会に退職者向けの年金を減額して債務を圧縮するべきだったのだろうか。話はそれほど単純ではない。


年金と医療保険などの社会保障制度は、おもに企業が担う。年金の場合は、六五歳までは全額企業負担となっている。公的年金は六五歳以上から支給されるが、その際にはそれまでの総額を維持するかたちで企業年金額が減額される。そのため、六五歳に達するまでに企業負担が減れば、社会保障水準は低下することになる。

医療保険も公的な仕組みは補助的にすぎない。六五歳以上の公的医療保険制度はメディケアと呼ばれるが、メディケア導入年齢に達すると企業側負担が減額される。医療保険は年金と比べると複雑である。労働組合のあるたいていの企業の場合、現役の労働者は企業全額負担、もしくは個人負担のある医療保険を選択することができる。個人負担のある医療保険は、全額企業負担の医療保険と比べて高度な医療を整えた病院を利用できるなど、付加的なサービスの選択肢が広がる。退職後に提供される医療保険では、メディケアと企業負担が合わさるタイプのものと、メディケアのみの場合では、付加的なサービスが大きく異なる。メディケアと企業負担が合わさるタイプでも医療機関の選択肢がある程度まで認められるのに対して、メディケアではほとんど選択肢がない。年金と同様に企業負担額が減れば享受できる医療水準は大きく低下する。日本のように、公的な医療機関やある程度大きな総合病院であれば均一な医療サービスが提供されるというわけではない。アメリカでもっとも医療が進んでいるのは私立病院だが、メディケアではそのような病院で診療を受けることはできない。

企業福祉と公的制度がリンクする社会保障の仕組みは一九六〇年代に確立した。この仕組みを牽引したのが、労働組合が使用者と行なった交渉である。

しかし、医療保険制度は医療費の高騰が一九七〇年代に問題となり、二〇〇〇年代になると薬価の高騰が問題となるなど、企業を中心とした仕組みに揺らぎがみられるようになった。これに対して、さまざまな制度改革が行なわれたが、公的な医療保険制度は薬代をカバーしてこなかった。そのため、企業側が一方的に負担を強いられることとなった。したがって、年金も医療保険も企業を主体とする枠組みから公的制度を主体とするしくみへと変更が行なわれないかぎり、企業負担の減額は享受されるべき社会保障水準の低下をもたらすだけである。

企業の資金調達の仕組みが変わってきていることも社会保障制度に影響を与えている。企業の資金調達は、ニューディール政策時に成立した一九三三年銀行法の規制があったために、銀行による間接金融が中心だった。しかし、一九七〇年代から、貿易赤字が増大したためインフレ率が上昇し、銀行金利を上回るようになった。そのため融資をすればするほど損をする逆ザヤとなったのである。この問題を解決するために資金調達を直接金融に切り替える政策転換が行なわれ、一九九九年に金融近代化法が成立することとなった。この転換により、企業の財務状況の透明化と健全化に関する株主、投資家からの圧力が高まった。これが年金や医療保険に関する企業負担債務を圧縮する圧力として機能したのである。つまり、金融規制緩和政策が企業を中心とする社会保障政策の維持を困難にしたといえるだろう。

このような状況のなかで、労働組合は企業競争力の強化を優先し、社会保障水準の低下を余儀なくされた。その一つの試みが退職者向け医療保険基金の創設である。これにより医療保険債務を財務諸表の外に置くことができる。GMの場合、年間数十億ドルの経費削減効果をもたらすとされた。その一方で、基金の運用は市場に委ねられるため、運用の失敗は医療保険水準の低下に直結する危うさをともなう。日本をはじめとした外国自動車メーカーはアメリカ国内での操業年数が浅く、年金や医療保険負担を強いられる退職者の数はアメリカ自動車メーカーと比べてはるかに少ない。本書の重要な論点の一つとして、労働組合による経営協力の姿を明らかにすることがあるが、企業が担ってきた社会保障制度への代替措置がないままに、労働組合も経営者もともに、医療保険基金の導入に合意するなどの選択を行なったのである。

これ以外にも、工場の休止、早期退職プログラムの実施による労務コスト削減など労働組合と経営側が協力して行なってきた。その結果、GMを例にとれば、売上純利益率は二〇〇六年に九・二%、二〇〇七年には八・〇%と二〇〇五年水準からは倍増した。しかし、それでも二〇〇四年以前の水準には回復していない。退職者向け医療保険基金の導入などにより、アメリカと日本の自動車メーカーの間の労務コスト差解消の見通しがあったものの、金融危機をきっかけに市場規模が急速に縮小したため、それらの効果は焼け石に水となった。品質や生産性の上昇や労務コスト削減の効果を吹き飛ばしてしまうほど、深刻に市場規模が収縮してしまったのである。

GM、クライスラー両社は二〇〇八年末には資金繰りが困難な状況を迎えた。この危機に際して、政府は、金融危機の影響を受けた企業を救済する目的で成立させた金融安定化法を自動車産業に適用して、GMとクライスラー両社に一七四億ドルの融資を行なった。この融資には、「競争力が確保できるワークルールの設定」「米国市場に進出している日系自動車メーカーと同レベルの賃金水準への低下」という努力目標が付帯した。融資に反対する議員を納得させるための妥協策が努力目標になったわけであるが、実際のところ、「競争力が確保できるワークルールの設定」や日系自動車メーカーと同程度の労務コストの縮減は、すでにほとんど達成されていたのである。

労働組合側は、企業活動の存続を目的とする経営協力を行なってきた。早期退職プログラムの受け入れ、労働条件の低下、医療保険や年金などの社会保障水準の低下、退職者向け医療保険基金創設に関する企業側負担の軽減などがその中身である。これに関して、サービス従業員国際労働組合（SEIU）会長のアンドリュー・スターンは、「全米自動車労働組合（UAW）は会社組合を抱えている」とコメントした。[1] 会社組合は経営側に協力する御用組合という意味を持つ。アメリカの労働組合は未熟練労働者を中心として構成される。そのため労働力の供給が十分に行なわれる場合は、他の労働者に容易に代えられてしまう恐れがある。賃金などの労働条件を決定する場合には経営者が交渉力を握る。このような交渉力の弱さを補っているものが産業別労働組合である。企業の枠を越えて労働者が産業別に結集することで、労働配分率の上昇や医療、保険、年金といった社会政策的な役割を労働組合は担ってきた。しかし、会社組合は使用者によって経営協力を主導されることと引きかえに財政的支援やときには雇用保障や産業別労働組合員よりも良い労働条件が提示される。この会社労働組合の存在は企業の枠を越えて連携する産業別労働組合にとっては脅威となる。なぜなら産業別労働組合に所属する労働者にとって雇用保障や労働組合員より良い労働条件は魅力的である。しかし、すべての労働者が産業別労働組合を離れて会社組合を選んだ場合、使用者がそれまでと同じような条件を保障するとはかぎらない。会社組合の組合員であっても未熟練という状況には変化がなく、交渉力は産業別労働組合の存在によって確保されていたにすぎない。つまり、UAWは生産現場では生産性と品質向上のために協力し、退職者の社会保障水準の低下や早期退職プログラムの実施などの雇用保障も手放すような協力を経営側に対して行なうことが会社組合の特徴を強めているとして批判されることとなったのである。

それにもかかわらず、業績は回復しなかった。そのため、クライスラーが二〇〇九年四月三〇日、GMが同年の六月一日にそれぞれ連邦破産法一一条の適用を申請して、民事再生手続きに入ったのである。

本書は、一九八〇年代以降に行なわれてきた労働組合による経営協力や社会保障水準の低下の姿を明らかにすることだけにとどまらない。どのようなメカニズムやプロセスによって労働組合が生産現場における経営協力を実現してきたのか、そしてそのことがアメリカの労働組合と経営者の伝統的な関係をどのように壊してきたのかについて明らかにしていく。

ここにおける着眼点のいくつかは、日本企業の競争力を米国自動車メーカーにどのように移植するかということであり、また、日本的生産様式がいかにしてアメリカの社会保障基盤を破壊しているかということでもある。労働条件にしろ、年金にしろ、医療保険にしろ、本来は企業の枠組みを超えた社会政策的な意味を持つべきものである。これらの牽引車となってきた労働組合は企業内だけにとどまらず、企業外の視点を持って社会政策的な役割を担ってきたはずである。

ところが、自動車産業を組織するＵＡＷは、企業外の視点よりも個別企業の競争力を向上させる企業内の事柄を重要視するようになってきている。組合員数は一九七九年の一五〇〇万人から二〇〇七年の四六〇万人に激減した。それにもかかわらず、少ない職務区分、小人数のチーム制、重なり合う労働者の職務内容、配置転換、多能工化といった柔軟な働き方の導入を経営側と一体となって進めている。

しかし、企業競争力の向上といっても、もはやアメリカ市場だけで語ることができない。企業活動も投資活動も国境を越える。一方、年金や医療保険、労働分配といった社会保障政策にかかわる事柄は、グローバル経済の影響を受けながらも、一国の枠内を出ることができない。国際競争力向上の大義名分の下で、アメリカも日本も労働組合が個別企業の経営に協力する姿は同様である。しかし、グローバル経済に対応するために労働組合が企業内の視点を強めれば強めるほど、社会政策の担い手としての視点が低下していく。本書はそのメカニズムとプロセスに接近する一方で、アメリカを例にとりながら、実際は社会保障制度に関してヨーロッパよりもはるかにアメリカに近い日本にとって、今後のあるべき社会政策のヒントをさぐるものとなれば幸いである。

注

（1）「Andy Stern on the New Moment」『THE NATION インターネット版』二〇〇八年一一月二五日号。THE NATION 誌は一八六五年創刊。米国最古の週刊誌でリベラルを代表する。

デトロイトウェイの破綻　目次

第1章 一九八〇年代以降の経営努力
——ただ手をこまねいていたわけではない

第2章 揺らぐ社会保障基盤
――安定したミドルクラスはどこへ

第3章 ニューディール型を壊したもの

第4章 労使関係はどこに向かうのか

［AFP ＝時事］

第1章

一九八〇年代以降の経営努力

——ただ手をこまねいていたわけではない

一九八〇年代は、米国の自動車メーカーが日本自動車メーカーとの市場競争力の差をはっきりと認識するようになった時代である。

一九八〇年代初頭までは、円ドル為替レートや賃金などを理由とする低い製造コストが日本自動車メーカーの優位性と理解されていた。(1) したがって、円高誘導と対米輸出台数規制により日本自動車メーカーの競争力が失われると信じられていた。そのため、日本企業を北米現地生産へ誘導することで日米の競争条件が平準化されるか、もしくは生産が軌道に乗るまでに時間がかかることが予想され、米国自動車メーカーの競争力回復の時間稼ぎができると見込まれた。米国の自動車メーカーの労働者を組織する全米自動車労働組合(UAW)としても、日本企業が北米現地生産を行なえば、組織化の対象となる労働者の雇用が増えるという利点があった。

ところが、一九八五年のプラザ合意により円高が誘導され、為替レートによるコスト差が解消された後でも、日本車の販売台数は減少しなかった。低燃費、高品質、高い中古車価格などを背景に日本車の北米市場シェアの向上が続いた。米国の自動車メーカーは、品質、生産性、開発力の点で日本自動車メーカーの優位性を認めざるをえなくなったのである。

そのため、日本企業の優位性を探る研究が急務となり、ハーバード大学、マサチューセッツ工科大学（MIT）は一九八五年からプロジェクトを開始した。(2) この成果は、米国の自動車メーカーの企業経営のあり方を変えるきっかけとなっただけでなく、生産現場では労働組合の方針転換をもたらした。変化は突然に起こったわけではない。入念な準備のうえに行なわれたのである。一九八〇年代から、米国車の品質や生産性が大きく上昇したことを調査会社のデータは示している。二〇〇九年に破綻という状況を招いたGMとクライスラーにしても、ただ手をこまねいていたわけではないのである。

1 日本の強みを探る

ハーバード大学は、日米欧間で自動車の製品開発能力を比較した報告を一九九三年にとりまとめた。MITも国際自動車研究プログラム（IMVP : International Motor Vehicle Program）を組織し、世界七〇カ国、九〇以上の工場を中心に生産性、品質、研究開発、サプライチェーン、顧客対応に関する事業部門を機能別に調査して、その結果を一九九〇年に発表した。

この二つの調査結果の特徴は、労働者の熟練(3)や生産管理手法(4)などの生産現場の事象にとどまらなかったことにある。企業全体を「生産現場」「研究開発」「サプライチェーン」「顧客対応」といった組織機能に分類(5)した。そのうえで、各組織機能における情報転写工程で行なわれる複雑なすり合わせや作りこみ能力、および生産現場における従業員間や各事業部間の濃密な連携(6)にこそ日本企業の優位性があるとしたのである。ＭＩＴで行なわれた調査に参加したウォマックらによって、この優位性はリーン生産システムと名づけられ、(7) 米国内で広く知られるようになった。リーンとは、効率が良いという意味になるが、痩せたとか、ぜい肉がない、といったような意味も持っている。そのために、トヨタ生産方式でいう「乾いたぞうきんを絞る」式のムダの排除と同じような意味に誤解されることがある。しかし、本来の意味は、部門間や従業員間の濃密な連携を効率的に行なうことである。これらの研究は、製造コストのみならず製造品質、開発生産性にも日本企業の優位性の高さがあることを明らかにした。(8)

リーン生産システムによってサブシステムとして分類された「生産現場」「研究開発」「サプライチェーン」「顧客対応」は次のように説明される。

「生産現場」では、チームワーク方式、多能工化、柔軟なジョブ・ローテーション、カンバン、アンドン、ＱＣ、提案などの方法により、労働者間の相互連携を促進する仕組みが仕掛けられ、高い品質と生産性を低コストと最適な労働者数で実現することが目指される。「研究開発」では、高付加価値を低コスト、短期間、そして最適な労働者数で実現すること、「サプライチェーン」では、絶え間ない納品により在庫数を減少すること、「顧客対応」では、顧客の動向を的確に把握し長期的に顧客を囲い込むことがそれぞれ目標とされる(9)（**図表1-1**）。

サブシステムどうしの連携については、「研究開発」が製造上の問題を先取りして作りやすい設計を行なうという製品設計と生産準備を同時並行で進めるサイマルエンジニアリングを行ない、「生産

図 1-1　自動車企業のサブシステム

生産現場…高い品質と生産性を低コストと最適な労働者数で実現すること。

研究開発…高付加価値を低コスト、短期間で最適な労働者数で実現すること。

サプライチェーン…絶え間ない納品により在庫数を減少すること。

顧客対応…顧客の動向を的確に把握し長期的に顧客を囲い込むこと。

出所：Womack, et al〔1990〕pp.75-222 より作成

現場」の低コスト、高生産性に貢献する。「生産現場」では問題を早期に発見することで、「研究開発」における開発期間の短縮に寄与する。「サプライチェーン」は、生産タイミングとあわせた在庫管理を行ない、最小の在庫数を絶えず維持するように「生産現場」と連携して低コストを実現可能とする。「研究開発」では、製造、詳細設計、部品試作、部品単体の試験、生産準備、サブ組立、検査などの開発生産作業を一括して部品メーカーに委託し、「サプライチェーン」と連携して品質、コスト、納期の効率を高める。「顧客対応」は、顧客から得られた満足度を「研究開発」にフィードバックする(10)(**図表1-2**)。

これらの優位性が日本自動車メーカーに発見された一方で、米国の自動車メーカーが伝統的に採用してきた生産システムは、組織間や労働者間の相互連携を促進する仕組みは意識されていない。米国の自動車メーカーが採用してきたフォード・システムは職務を細分化し、ベルトコンベアーで再統合することを特徴としてきた。この状況で労働組合は、職務区分が細分化されていることを利用して使用者側が恣意的に労働者を異動したり、解雇することがないように

図表 1-2　サブシステム間およびサブシステム内の連携関係

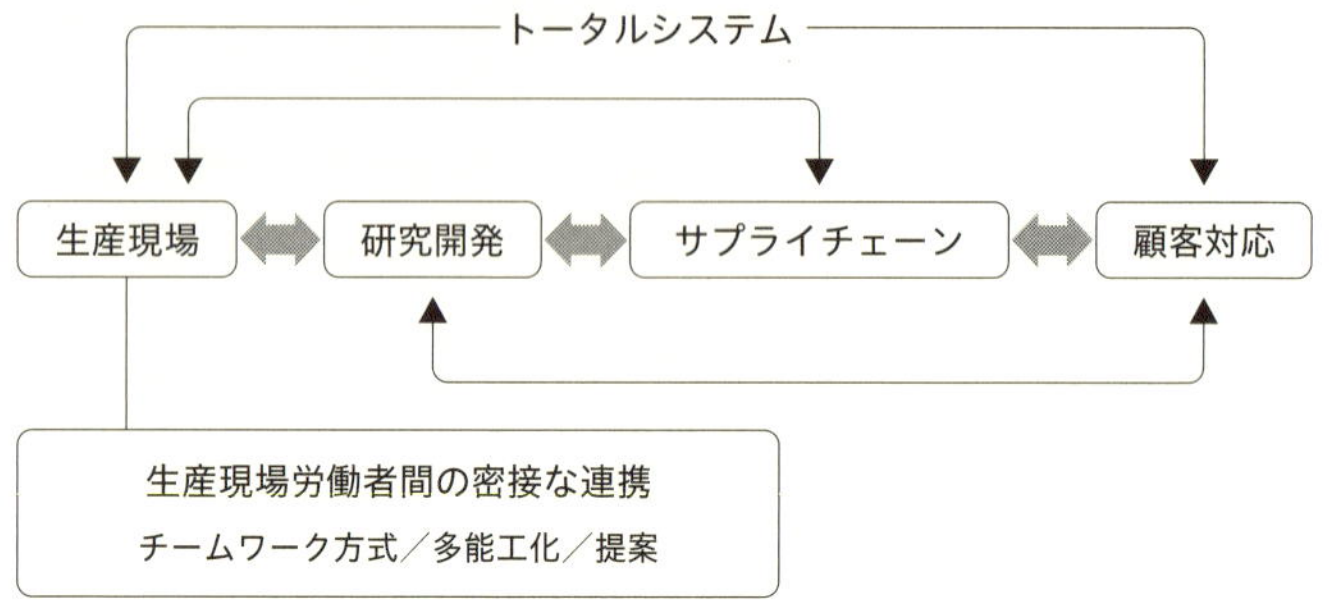

出所：Womack, et al〔1990〕pp.75-222 より作成

規制をかけてきたのである。具体的には、職務区分で賃金を固定したり、勤続年数の長さと賃金の高い職務への配置を連動させることや、解雇や異動にあたって勤続年数を重視するといったこと（職務規制）によって行なわれてきた。細分化された職務に従事することがもたらす単調さや退屈さは使用者側から引きだした労働条件の向上によって引きかえられてきた（ビジネス・ユニオニズム）。

したがって米国自動車メーカーの生産現場がリーン生産システムに移行するためには、分断された職務を労働者の連携を高める方向に作りかえる必要がある。しかし、これは同時に労働組合が拠り所としてきた従来の仕組みと矛盾を生じる（**図表1－3**）。

課題はそれだけではない。リーン生産システムでは「生産現場」「研究開発」「サプライチェーン」「顧客対応」というサブシステムどうしの連携を必要とするが、労働組合が組織するのは生産現場労働者と一部のホワイトカラーにすぎないため、労働組合は全社的な連携に関与することができない。そのた

図表1-3　フォード・システムからリーン政策システムへの移行にともなう矛盾

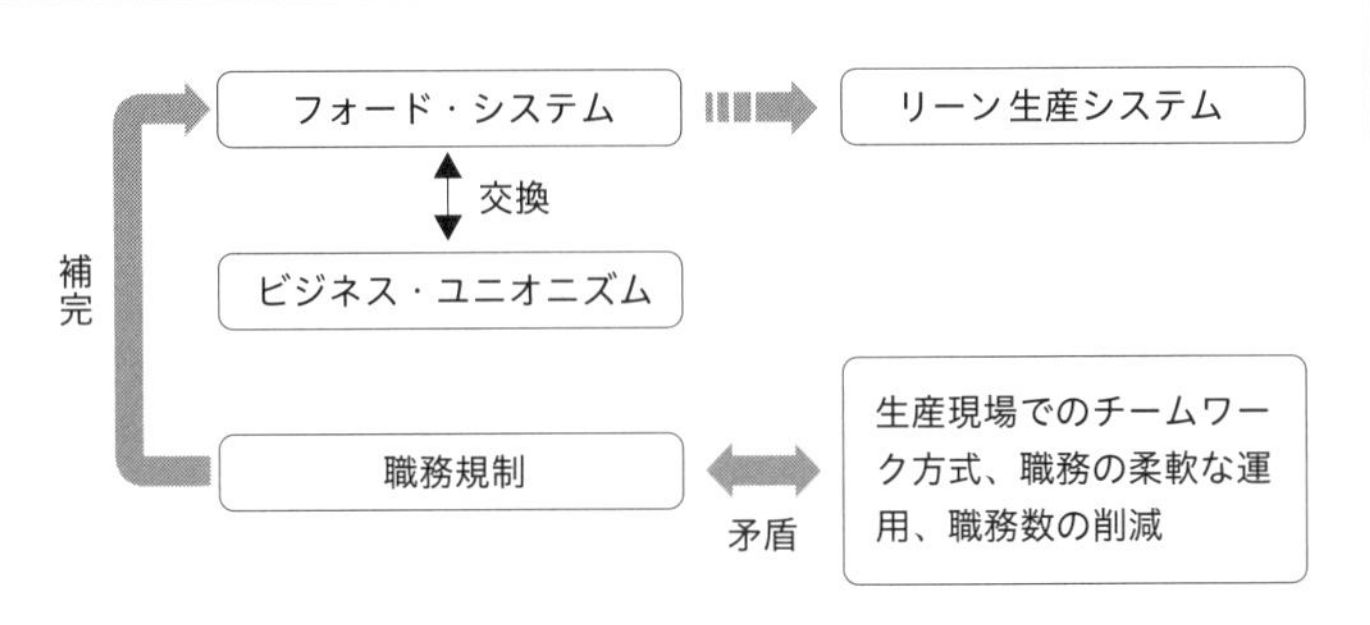

出所：著者作成

め、生産現場にとどまる労働組合の経営協力を企業全体に拡大し、職場規制に変わる新しい交渉力を作りあげることが期待されたのである。

日本企業の優位性を移植する

日本自動車メーカーは一九八三年に北米現地生産を開始した。その際、技術者や経営者に日本人を派遣するとしても、生産労働者はアメリカ人を雇用せざるをえない。そのため、日本企業の優位性を米国へ移転することは困難とする見方が多かった。日本企業の優位性は、社会や文化的環境によるところが大きいということがその理由だった。[11] しかし、現地生産は六年後の一九八九年に一二五万台、一二年後の一九九五年には二三〇万台に達し、早期に軌道にのせることに成功した。市場シェアは現地生産だけで、約二〇%にまで上昇したのである。

　その後に行なわれた調査により、成功させた日本企業には一定の特徴があることが明らかとなった。[12] それは、「職務数

図表1-4　北米進出を成功させた日本企業の雇用管理上の特徴

- 労働組合による組織化の有無を問わずに職務数の削減を実施。
- 簡素化された職務区分に対応した、一般作業員ほぼ同額の賃金。
- 全社員共通の食堂や駐車場、制服など従業員に対する平等な取り扱い。
- 従業員間の情報伝達、意思疎通の仕組みを制度化。
- レイオフの権利を行使しないことを明文化。
- 入念な採用活動。
- 労働組合に組織化されている場合は、団体交渉と別に労使協議会と定期的な話し合いの場を設定。企業外部の仲裁機関には可能な限り頼らず、ストライキ権を行使させないことを協約に織り込む。

出所：板垣〔1991〕pp.103-120より作成

の削減」「一般作業員ほぼ同額の賃金」「全社員が共通で利用する食堂や駐車場の設置など従業員を平等に扱う」「従業員間の情報伝達や意思疎通を円滑化する仕組みの構築」「レイオフを行なわないことを従業員に約束する」「採用活動を入念に実施する」「労働組合がある場合は、団体交渉と別に定期的な話し合いの場を設定する」「企業外の仲裁機関には可能なかぎり頼らない」「労働組合がある場合はストライキ権を行使しない内容の労働協約を結ぶ」といったことなどである(13)(**図表1-4**)。

これらの特徴のうち、入念な採用活動、レイオフを行なわない約束、従業員の平等な取り扱いが全体の基礎となったのである。米国の自動車メーカーの生産現場はほとんどが労働組合に組織化されている。そのため、自動車産業で働く労働者はフォード・システムで行なわれてきた細分化された職務区分に基づく職場規制に慣れ親しんでいる。そしてこの状況こそがリーン生産システムの導入を妨げていることは前述した。したがって、この障害を取り除くことが日本自動車メーカーの優位性を移転するための早道だったのである。そのために、フォード・システムの影響を受けていない労働者を入念に選び出した。さらにレイオフしない約束や、ホワイトカラーと生産現場労働者を平等に取り扱うなどの施策が行なわれた。これらによって、労働者から企業活動に長期的なコミットメントを得ることに成功し、日本企業に優位性をもたらす特徴を移植する下地としたのである。

日本企業の人事管理の要素を、「訓練」「職務」「報酬」「参加」の四つに分けて考えると優位性の移転を理解しやすい。[14]「訓練」は、労働者に必要な知識、技能を身につけると同時に、労働者を企業の一員として順応させる。次に、「職務」は、広い職務範囲、配置転換、ジョブローテーション、多能工化などによって従業員間の連携を促す。「報酬」は、昇進と職務を賃金とリンクさせる。最後に、「参加」は、会議や問題解決、労使協議などを通じて労働者を経営に巻き込む。これらの要素を相互に連携させることで、労働者の知識・技能の育成、職務や企業活動への適応力の向上、動機づけにつなげていくのである[15]（**図表1-5**）。

人事管理の四つの要素を米国に移転するためには労働組合の存在が障害となる。これは、米国自動車メーカーがリーン生産システムに移行するために、全米自動車労働組合（UAW）の存在が障害となるのと同じ理由である。細分化された職務区分を拡大するだけでは問題は解決しない。拡大した職務区分に合わせた訓練のあり方や賃金に変更するだけでなく、会議や仕事の進め方などに労働者が積極的に参加することが必要になるからである。

すでに労働組合に組織化されている生産現場では、職務区分の削減を行なって職務範囲を拡大す

図表 1-5　日本型人的資源管理と労使関係

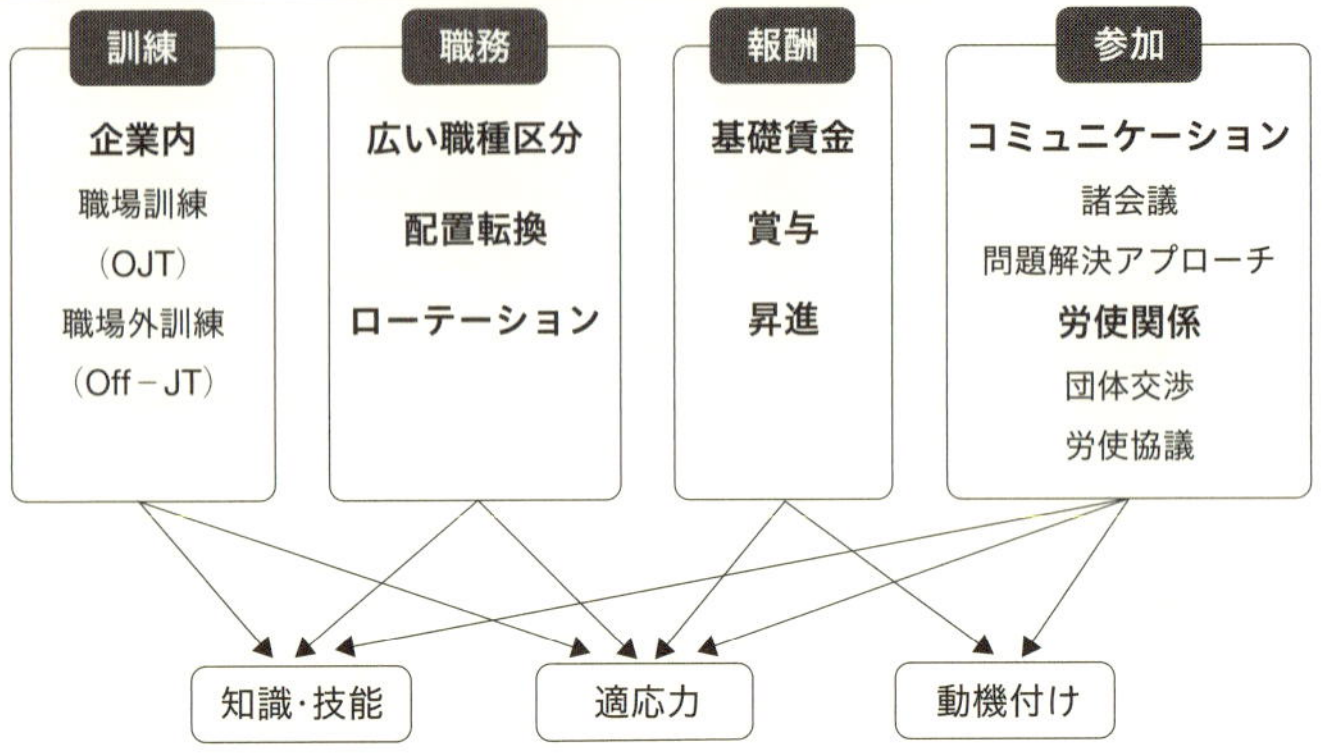

出所：日本経営者団体連盟国際部［1991］p.63 より作成

るだけでも労働組合と労働者からの抵抗が大きい。そのうえ動機づけを促す賃率の設定や配置転換、ジョブローテーション、多能工化といった施策の導入は労働組合の機能を著しく低下させてしまう。したがって労働組合側が積極的に経営側に協力するといった意識改革が行なわれないかぎり、リーン生産システムへの移行はほとんど不可能と思われる。そのため、日本の自動車メーカが北米で現地生産を成功するには、労働組合を回避することがもっとも容易な方法だった。

現地生産にあたり、第一に入念な採用活動が行なわれた。その目的は労働組合を組織する可能性のある労働者を排除することと、日本的な人事管理に適応性の高い労働者を選抜することにある。合格率は応募者のうちのわずか五%にすぎなかった。そのうちの四〇%が大卒である。一般的に米国の自動車メーカーが生産現場労働者として採用する大卒率は一五%にとどまっている。日本国内でも日本の自動車メーカーが生産現場労働者として採

用する大卒率は一％にすぎない。入念な採用活動の結果、大卒率が非常に高くなったのである。(16)

このように入念に選抜した労働者をグリーン・フィールドと呼ばれる新規工場に配置し、はじめから労働組合を排除したかたちで生産を始めた。このグリーン・フィールドでは簡素化した職務区分を基盤として、配置転換、ジョブローテーションや訓練を通じて労働者間の連携を高めることに成功した。

日本国内では、コミュニケーションや情報伝達、労働者の経営参加という点で労働組合が重要な位置を占めている。経営戦略、事業計画、人事異動、日常の生産管理といった事項は、労働組合と行なう労使協議の場を通じて情報伝達が行なわれたり、労働者の経営参加が求められたりすることが一般的である。言い換えれば、経営側は労働組合の組織力や機能にある程度は依存しているということができる。しかし、北米現地生産を行なうにあたって、日本の自動車メーカーは労働組合を排除するという選択をした。そのうえでコミュニケーションや情報伝達の促進や労働者の経営参加を求めるための仕組みを新たに整えた。また、解雇をしないというノン・レイオフポリシーや従業員を平等に扱う仕組みを整備した。これらは、労働者の労働組合加入を防ぐ効果をもたらしたと同時に、労働者を経営参加へと導くインセンティブとなった。つまり、日本国内で労働組合が果たしている機能をこれらの仕組みで代替させたのである。(17) これにより、環境の異なる北米でも日本企業の優位性を移植することが可能となった。

現地化する日本企業

日本の自動車メーカーは国内の優位性をそのまま移転させたわけではない。そこには、米国内の状況に適合するという要素も含まれていた。

これを人材管理のグローバル化の視点[18]から整理してみよう。人材管理のグローバル化は、輸出、マルチドメスティック、多国籍、グローバルへと段階的に変化する。輸出段階では本国の基盤から逸脱せず、輸出先はあくまでも下流業務にすぎない。マルチドメスティック段階では現地市場に焦点を置いた事業展開を行なうため、現地の文化や知識の理解が重要となる。多国籍段階になると現地文化の理解だけでなく経営理念や組織文化の現地への浸透が必要になる。グローバル化段階では、人材管理において国境や国籍を意識することがなくなる(**図表1-6**)。

この人材管理のグローバル化の視点と対比すると、日本自動車メーカーは北米現地生産を開始したことにより、多国籍段階への移行を急ピッチで進めたとみることができる。これを、トヨタを例にとってみていくことにしよう。

トヨタは、一九五七年に米国トヨタ自販(TMS: Toyota Motor Sales, U.S.A.)を設立し、輸出段階がスタートした。この段階では、輸出は国内販売の延長だった[19]。輸出段階からマルチドメスティック段階への移行は緩やかに行なわれている。一九七三年にキャルティデザインリサーチ、一九七七年にトヨタテクニカルセンターを設立して米国市場を焦点においた車体設計を開始した。続いて、一九八二年にはTMCC(Toyota Motor Credit Corporation)を設立した。北米市場での競争に焦点を置き、現地文化や現

図表 1-6　人材管理のグローバル化の段階

輸出段階

・下流の業務にかかわる現地の人々の配置、研修、評価、報酬、育成が活動の焦点。
・マネージャーを海外に派遣することは少ない。
・国内ベースのマネージャーが訪問するというスタイル。
・親会社から海外への派遣のみ。

↓

マルチドメスティック段階

・企業内の地理的に独立した地域単位における競争はその事業単位の所在する国やマーケットに焦点を置いているため、事業単位のバリューチェーン活動の専門性や適応力が必要。
・現地の人々が持つ文化やその国特有の知識は、事業単位の活動を適切に専門化するために必要。

↓

多国籍段階

・親会社から海外、海外子会社から親会社という人的交流を行なう。
・本国と第3国籍の両方のマネージャーを登用する。
・国境を超えた双方向の人的交流により、経営理念や組織文化の浸透と、現地国マネージャーの考え方の理解の促進を図る。
・相互理解がインフォーマルな調整と統制を促す。

↓

グローバル段階

・国内の人事異動と同様に、個人の競争優位性と必要とされるスキルに基づいて、適切な場所に人材を配置する。

出所：J.S. ブラック他[2001]p.158 より作成

図表 1-7　トヨタ自動車、北米進出の軌跡

1957年	Toyota Motor Sales. U.S.A.	販売拠点
1973年	キャルティンデザインリサーチ	米国輸出用車体
1977年	トヨタテクニカルセンター	米国輸出用車体
1982年	Toyota Motor Credit Corporation	本格的販売拠点
1894年	NUUMI	GM との合弁企業
1988年	TMMK	単独工場

出所：トヨタUSA Web サイト（http://www.toyota.com/about/ourbusiness）より作成

地人材の活用に配慮した事業活動の専門化が行なわれたことで、マルチドメスティック段階[20]が始まった。

一九八四年にはGMと合弁で現地生産会社NUMMI（New United Motor Manufacturing Inc）を立ち上げ、一九八八年には単独でケンタッキーに生産工場を設立した。ここで、生産方式や人事管理などを含む企業文化の移植が行なわれることになり[21]、多国籍段階へ移行した（**図表1-7**）。

トヨタのみならず日本自動車メーカーは、マルチドメスティック段階から多国籍段階へ間隔を置かずに移行している。これは日米自動車摩擦という外的な要因によるところが大きい。

一九七〇年代の米国自動車市場は、日本製輸入車シェアの急上昇の中にあった。販売不振に陥った米国の自動車メーカーは、大幅な生産減少、工場閉鎖、労働者のレイオフなどを余儀なくされたのである。状況の改善をはかるため、GM、フォード、クライスラー、および三社の労働者を組織する全米自動車労働組合（UAW）は、日本自動車メーカーに対米輸出規制をさせる方向で米国政府に圧力をかけた。一九八五年には米国の貿易赤字を解消するためにドル安を進めるというプラザ合意が先進五カ国（米、英、独、仏、日）によって行なわれた。この結果、円高が誘導され、日本自動車メーカーの利益が大幅に減少することとなった。

このため、日本自動車メーカーは対米輸出規制と円高による為替差益減という二つの問題を解決することが急務となった。その問題を一気に解決する方策が北米現地生産だったのである。米国側も北米現地生産には好意的だった。その理由は、①日本企業による北米現地生産が新たな雇用を生む、②進出工場の組織化は難しくなく労働組合員の総数には大きな影響を与えない、③日本自動車メーカーの競争力の源泉を移植することは難しいため、早期に脅威とはならないとの見込みがあったからである。

このような米国側の見込みにもかかわらず、どうして日本自動車メーカーは北米現地生産の早期成功を達成できたのだろうか。その理由の一つに、日本の優位性の移転と現地化適合の使い分けがあった。再び、トヨタを例にとりあげてみてみよう。

トヨタは、GMとの合弁で設立したNUMMIで現地生産を開始し、GMが運営していた旧工場を労働者も含めて引き継いだ。この労働者は全米自動車労働組合（UAW）の組合員である。そのため、トヨタは労働組合を回避できなかった。一方、ケンタッキー工場（TMMK）は新規に工場を設立して、労働者の採用から始めたため労働組合がない。したがって、NUMMIとケンタッキー工場（TMMK）では「UAW型」と「労組による組織化を認めない米国企業型」（労組代替モデル）の二種類に配慮しつつトヨタ型の移転を進めていくことになったのである[22]（**図表1-8**）。「労組による組織化を認めない米国企

図表 1-8　雇用管理に影響を与える要因

雇用関係	NUMMI	TMMK
統合の象徴	労組代替モデル	労組代替モデル
雇用保障	トヨタ—UAW	トヨタ—労組代替モデル
労使関係	トヨタ—UAW	労組代替モデル
苦情処理	トヨタ—UAW	労組代替モデル
規律	トヨタ—UAW	労組代替モデル
人事採用	UAW —労組代替モデル	労組代替モデル
昇進	トヨタ—UAW	トヨタ—労組代替モデル
賃金、手当	UAW	労組代替モデル

出所：Adler（1999）p.107 より作成

業型」では、社員共通の駐車場とカフェテリア、役職員間で比較的に格差の小さい賃金体系などの特徴がある。これらは平等主義を通じて組織への忠誠とコミットメントを醸成する(23)など、トヨタ型と似た傾向を持っている。

トヨタ型、つまり日本の優位性をそのまま移転した部分は、作業組織、個人及び組織学習、管理運営に関する部分である。作業組織とは、広い職務区分、従業員間の連携を促進するチーム方式とジョブローテーション、スーパーバイザーの役割などである。ついで、個人及び組織学習とは、従業員からの提案制度、品質改善活動（QC）、情報共有の促進、従業員間の連携を促進する職務についての訓練の導入などである。管理運営は、全社の従業員の管理を集権的に行なう人事部の役割である。これとは対照的に米国自動車メーカーでは職長などのライン管理者に権限を委譲しており、人事部の役割は比較的に分権的となっていた。

それ以外の、雇用関係に関する部分は、労働組合に組織化されているNUMMIだけでなく、単独で工場を設立したT

ＭＭＫでもトヨタ型をそのままのかたちで移転させていない。雇用関係に関する部分とは、統合の象徴、雇用保障、労使関係、苦情処理、規律、人事採用、昇進、賃金、手当、安全衛生などである。

労働組合に組織化されている場合、作業組織、個人及び組織学習、管理運営、雇用関係のすべてにおいて、労働組合の交渉力を意識せざるをえない。そのため、労働組合の方針を完全に尊重するか、もしくはトヨタ型との折衷案としているのである。ＮＵＭＭＩでは、職場内の各種労使委員会が労働組合と経営側の協力の場となったほか、苦情処理は外部の第三者を交えず労働組合と使用者が企業内で解決を試みた。採用には、ＵＡＷ組合員を引き継いだものの、工場拡張時の増員で九〇〇〇人の候補者から七〇〇〇人を採用するといった入念な選抜が行なわれた。従業員を昇進させる際には、人事考課の結果を重視するトヨタ型を採っている一方で、評価結果が同じ候補が複数いる場合には勤続年数の長さを優先する（先任権）とともに、選考委員に労働組合代表を参加させるというＵＡＷ型との折衷になっている。

ＴＭＭＫでは、労使協議の場を設定して労働組合に代替する機能を確保する一方で、労使交渉を経ないでも賃金水準をビッグ3並びとするように「トヨタ型」と「労組による組織化を認めない米国企業型」（労組代替モデル）との折衷になっている。苦情処理制度は、労働者の不満を個別に解消するといった労組代替モデルに依拠する。人事採用は、二〇万人以上の候補者から六二〇〇人を選抜しているが、これは労組代替モデルに依拠したものである。従業員の昇進の選考は、人事考課の結果を重視するというトヨタ型を採っている一方で、評価結果が同じ候補が複数いる場合には勤続年数の長さを優先する労組型を採用した。

トヨタ生産方式の根幹に関わる企業文化は、「トヨタ型」の移植を堅持するが、その範囲はNUMMIもTMMKもともに、作業組織や個人および組織学習、管理運営に留まる。しかし、雇用管理に関する部分は、トヨタ型を堅持するよりもむしろ、現地への適合が有効であると判断したのである。

その根拠には、トヨタが行なった日系、米国系双方のコンサルタント会社によるフィージビリティ調査の結果がある。(24) これにより、トヨタの企業文化の浸透を行なう部分と、現地適合が必要な部分との選別が可能となった。

この事例から明らかなことは、日本自動車メーカーが北米現地生産を成功させたのは、やみくもな日本国内の優位性を移転させたからではなく、労働組合の有無にかかわらず現地の環境に適合する、もしくは折衷するといった方法をとったからである。このことは、米国自動車メーカー側からみれば、日本自動車メーカーにキャッチアップするために採用しなければならない部分と折衷策でもかまわない部分があるということになる。

2　キャッチアップ努力のはじまり

日本企業の優位性の解明、およびその移転と現地化適合に関して、米国で行なわれた調査の結果、生産現場における労働者の連携などの作業組織の構築、労働者の知識と技能を高めて広い職務区分やチームワーク方式に適応するための労働者の参加と組織学習といった施策の導入こそが、米国自動車メーカーによるキャッチアップを成功させる焦点であることが明らかとなった。

しかし、キャッチアップには二つの障害があった。一つは、細分化した職務をベルトコンベアーで再構築するフォード・システムの運用に職務規制と先任権を用いて規制をかけてきたこれまでの労働組合の機能と矛盾を引き起こすこと、ついで、労働組合側の自主的な取り組みが必要ということである。そこには、米国での労働組合活動を規定する全国労働関係法(NLRA)によるところが大きい。

全国労働関係法(NLRA)は、第八条(a)(二)で、経営側が労働組合に対して支配、介入、援助を行なうことを禁じている。つまり、労働組合活動の独立性を確保する役割があったのである。また、第二条(五)は、働き方を含めた労働条件に関して使用者と折衝することを目的とする団体を労働組織としている。つまり、労働組合だけでなく従業員代表も労働組織という扱いとなるため、経営側が主導するかたちで労働組合や従業員代表を通じた作業組織の改革を行なうことはほとんど不可能であった。

このため、全国労働関係法(NLRA)を改正しようとする動きがクリントン政権下で起こった。これが、労働組合が自主的な経営協力へ向かう転機となった。この改正は新しい働き方を導入して労働者参加を促進するために、労働組合や従業員代表と経営側の円滑な協力体制を可能にする。しかし、ここには労働組合側と経営側に二つの相反する思惑が働いた。労働組合側は新しい働き方の導入によって経営側のパートナーになろうとしたのに対し[25]、経営側は労働組合を回避して従業員代表を通じた新しい働き方の導入を行なおうとしたのである。

経営側はこの考えを法案（TEAM ACT）として取りまとめて議会に提出した。法案は下院、上院ともに通過し、大統領の署名により成立を待つばかりとなった。この法案が成立すれば、労働組合は新しい働き方の導入に関する議論から排除される。それだけでなく、労働条件にもかかわる作業組織改革は、従業員代表を通じて行なうことで労働組合を回避することができる。法案の成立は、経営側との交渉力の点においても、今後の組織拡大の点においても、労働組合にとって命取りになる恐れがあった。

そのため労働組合側は、法案署名の寸前にいたクリントン大統領に直接働きかけ、大統領による署名拒否権を発動させた。これにより直前で廃案となったが、新しい働き方の導入において労働組合を回避する法案がほぼ成立するところだったという状況は、労働組合に大きな危機感をもたらした。労働組合にとっては、既存の全国労働関係法（NLRA）の枠組みを維持したまま、自主的に経営協力することが同様の危機を防ぐ大きな道となったのである。

UAWとは何か？

このような環境変化の中で、全米自動車労働組合（UAW）も全国労働関係法（NLRA）の枠組みの中で自主的な経営協力の道を選択する。

ところで、そもそも全米自動車労働組合（UAW）とはどのような組織なのか。米国に派遣される日本人技術者の多くは、米国自動車メーカーの工場に電話をかけて用件を伝えたところ、「それは自分の担当ではない」と電話を回されるか、もしくは切られてしまうという経験を持っている。仕事を依頼しても就業時間が終われば次の日にまわされたり、担当が違うことで、たらい回しにされたりという話もよく聞く。これは、UAWにとって、細分化した職務区分を基盤とした職場規制が運動の要となっているからである。しかし、このようなコミュニケーションの悪さは労働組合のある企業だけの状況ではない。労働組合がないスーパーマーケットのカスタマー・サービス、電気、ガス会社などでも状況は変わらない。むしろ、どのようなところでもコミュニケーションに困ることがない日本のほうが特異に感じるほどである。

現地生産工場をUAWによって実際に組織化された経験のある日本人マネージャーはUAWに対する反感がとくに強い。彼らは、せっかく築きあげた家族的雰囲気が、UAWが入ってきたことにより台無しにされたと口にする。組織化が経営側から抵抗を受けた場合、UAWはかなり激しい運動を展開する。マネージャーを個人的に攻撃して精神的に追い詰めることも珍しくはない。このUAWの激しい運動には、ときに機関銃を乱射するなどの暴力で労働者を押さえ込んだ経営側に対する抵抗の歴史が背景にある。[26]

このような抵抗勢力としてのUAW像の理解がある一方で、実際の組織は非常に洗練されたものとなっている。UAWの正式名称は、全米合同自動車・航空機・農業機械・労働者国際組合（The International Union, United Automobile, Aerospace and Agricultural Implement Workers of America）である。名前からわかるように、自動車産業の労働者だけを組織化しているわけではない。航空宇宙・防衛、大型トラック、農機具・重機、その他の製造業、技術・事務・専門職の分野を網羅する。専門職には大学の教職員まで含まれる。

自動車部門は、GM、フォード、クライスラーなどの自動車メーカーに加え、自動車部品メーカーが含まれる。労働組合に加盟することができる労働者は、生産部門の時間給労働者、技術者・デザイナー・製図家などの定額給従業員、および管理・監督業務を行なっていないなどの労働者性[27]が認められる一部のホワイトカラーである。

組織構造は、中央執行委員会を頂点として、国内団体交渉部門、一一の地域本部、支部組合（以下ローカル・ユニオン）の順序のピラミッド型になっている。

中央執行委員会は、全部門を代表する会長一名、GM、フォード、クライスラーのそれぞれを代表する副会長三名、組織化、財務、その他の部門を代表する副会長三名の合計七名で構成される。

国内団体交渉部門には事業や企業、職業などに分類された部門の代表者が所属し、労働条件などについて経営側と文書で取り交わす全国労働協約の締結を行なう。全国労働協約は部門ごとに作成されるため、その部門の代表者が主導的な役割を演じるとともに中央執行委員会の場で調整される。

全米を一一の地域に区分しており、それぞれには地方本部が置かれている。地方本部は企業横断的に支部組合を組織して、中央執行委員会の出先としての機能を持ち、地域貢献、公民権運動、教育訓練、職業訓練、組織化、退職者や女性労働者などの課題について、所属するローカル・ユニオンを支援している。[28]

ローカル・ユニオンは工場などの単一事業所を組織する。ＵＡＷの最小単位である。労働組合の組織化の可否はここで決定される。労働組合が必要であると労働者が望む場合、労働組合結成に賛成する署名入りカードを全従業員の三割から集めなければならない。そのうえで、全従業員の過半数が投票で賛成すれば労働組合の結成が法的に認められる。この段階では、ローカル・ユニオンがすぐにＵＡＷとなるわけではない。そのローカル・ユニオンがＵＡＷに加盟すると決定した段階で初めて影響下に入るのである。ローカル・ユニオンはあくまでも産業別労働組合としてのＵＡＷの一つの加盟単位であって、フォードに属する工場のローカル・ユニオンはフォードＵＡＷと上下関係があるわけではない。ただし、フォードで全国労働協約が結ばれる際には、その可否についてローカル・ユニオンは議決権を有している。つまり、ローカル・ユニオンは産業別労働組合に直接加盟しているが、全国労働協約は全社的に拘束力を有するため、その締結の可否については企業別の組織に加盟しているかのような動きをするのである。企業ごとに結ばれる全国労働協約は、個別の職務の賃金までは規定していない。それらは、ローカル・ユニオンと事業所が結ぶローカル労働協約によって取り決められる。ＵＡＷの企業支部は日本の企業別労働組合と似ているように見えるものの別個の性格を持っている。米国における企業別労働組合は、経営側の支配や干渉を受けやすいという歴史的経緯から、カンパニー・ユニオンとの蔑称がついているくらいである。ローカル・ユニオンは行動や支出、全国労働協約についての議決権を有するだけでなく、ストライキも投票によって独自に行なうことが可能であるなど中央執行委員会、および国内団体交渉部門から独立した比較的強い自治権を有している。(29)

中央執行委員会、国内団体交渉部門、企業別支部、ローカル・ユニオンそれぞれの役割を整理すると次のようになる。

中央執行委員会は、自動車産業全体もしくは個別企業の経営戦略と政府が行なうマクロ経済や社会政策に関して要求をしたり、調整にあたる役割を持つ。

国内団体交渉部門は、使用者側の人事施策や団体交渉戦略との調整にあたる。ここでは、政府が設定した法律と労働行政施策の枠組みの中で、個別企業の足並みを揃えつつ産業全体の統合性を持った交渉が行なわれる。

企業別支部は国内団体交渉部門と連携しつつ、同一企業内のローカル・ユニオンの状況を集約した個別企業の状況を産業全体と調整する。全国労働協約は三年もしくは、四年おきに結び直される。ここでは、個別企業の経営側代表とUAW会長、UAW副会長の姿だけがクローズアップされるが、その背後では中央執行委員会と国内団体交渉部門および企業別支部による産業全体と個別企業間の調整が行なわれている。

最後のローカル・ユニオンは、個別企業ごとに結ばれる全国労働協約の可否について議決する権限を有しているほか、事業所単位で結ばれるローカル労働協約を締結している。全国労働協約が全社的な労働条件を取り決める一方で、ローカル労働協約は職務区分、職務範囲、職務に対応した賃金、異動・昇進の規則などを取り決める。そのため、使用者が行なう人事管理や職務設計、労働者参加などの施策との調整が行なわれる。政府は労働基準が遵守されているか、どのようなかたちの労働者参加

が良いのか、といった視点でここに関与している。(30)

中央執行委員会とローカル・ユニオンとの関係は、ストライキなどの争議行為が行なわれることを想定するとわかりやすい。ストライキの承認権限を持つのは、企業別支部ではなく中央執行委員会である。中央執行委員会が必要であると判断した場合に、ローカル・ユニオンはストライキを実施することができる。その決定に反して、ストライキを行なわないという選択肢はない。この力関係はローカル・ユニオンの役員選挙においても現れる。意向に反する役員が選出された場合、中央執行委員は独自の対立候補をローカル・ユニオンに送り込むことも珍しくない。もう一つの特徴は、労働組合員が職場で直面する苦情・不満を受け付ける苦情処理制度を持っていることである。ここでは労使代表が委員会を構成して苦情や不満を受け付けている。

これら労働組合の機能は、細分化された職務区分をベルトコンベアーで再統合するというフォード・システムに最適化するかたちで洗練度が高められてきた。しかし、このために、新しい機能への変更が難しくなったのも事実である。

労働組合が参加した改革努力のはじまり

経営側が労働組合の自発的な協力を求めるきっかけとなった象徴的な出来事をGMの事例から見てみよう。一九八〇年代半ば、GMは、四〇〇億ドルを投じて、工場の自動化を進める設備投資を行なった。このときには、リーン生産システムで意識されたような労働者の連携や参加を促す改革は行なわれず、既存のフォード・システムを強化する方向が採用された。創業開始年が古いGMの工場は、改築などを行ないながら製造を行なってきたため、設備投資を抜本的に行なえば、日本自動車メーカーとの競争にも負けることはないと考えられたのである。しかし、期待した成果を上げることはできず、計画は頓挫した。(31) この失敗により、経営側は労働者の連携や参加などをともなう新しい生産様式の重要性を認めざるをえなくなった。そのため、全国労働関係法(NLRA)第八条(a)(二)による制約に対応して、UAWからの自発的な協力を求める方向に移行したのである。

一方、UAWは、経営側主導の従業員代表制を認めるTEAM ACT法案を議会が支持したことに危機感を感じたことに加え、北米で現地生産を開始した日本自動車メーカーの組織化が一向に進まないことで、自ら進んで経営側に協力することを選択したのである。新しい働き方の導入が、労働組合を通さないでも進められるようになれば、経営側は労働組合を必要としなくなる。さらに、米国自動車メーカーの競争相手である日本自動車メーカーの組織化が困難な状況となれば、UAWの足場が弱まるばかりである。

UAWにとっての象徴的な事件は、一九八九年と二〇〇一年の二回にわたり、テネシー州日産スミルナ工場の組織化に失敗したことである。二回とも、労働組合設立の可否を問う署名入りカードは余裕を持って集めることができた。事前の調査では、労働組合を支持する従業員は過半数を遥かに超えていたのである。それにも関わらず、実際に投票が行なわれると賛成票は少数にとどまった。従業員の平等な取り扱いや、経営へのコミットメントの醸成、UAWに準拠した賃金水準など現地の状況に配慮した日本的な人事管理の浸透や組合に加盟すると不利益が生じるという経営側の宣伝によって、いったんは労働組合を支持した従業員が鞍替えをしたのである。この失敗は、組織化の成功を信じて疑わなかったUAW中央執行委員会にとって大きな打撃となった。

このような状況の中で、経営側と労働組合側の双方ともに、新しい生産様式を導入することで米国自動車メーカーの競争力を回復するという意識が高まっていったのである。これを受けて、さまざまな取り組みが行なわれた（**図表1-9**）。クライスラー、フォード、GMのそれぞれの取り組みについて説明したい。

クライスラーが行なった取り組みは、生産現場従業員の連携を高める仕組みの導入と、従業員から経営へのコミットメントを求める仕組みの導入、および研究開発部門技術者の連携の強化である。生産現場では、協働を高めるチーム・コンセプト、職務区分の削減による職務範囲の拡大、知識・能力給、労使の区別のない駐車場および社員食堂の設置の導入を柱とする改革が行なわれ、UAWとの間ではMOAs（Modern Operating Agreements）と称する協約が交わされた。[32] MOAsは、いくつかの工場のローカルUAWから抵抗を受けたが、一九八九年までに一三の工場で導入された。[33] MOAsに加え、POA（Progressive Operating Agreement）もいくつかの工場で導入された。POAでは労働者の配置転換に柔軟性を持たせる取り組みが行なわれた。

MOAsの経験を製品開発組織に応用する改革も、一九八九年から九一年にかけて行なわれた。ここでは、プロジェクト専属メンバーを大部屋に集めて開発を行なうプラットフォーム・チーム制が導

図表1-9　作業現場における新しい働き方のアプローチ

クライスラー	MOAs（職務区分削減、知識・能力給の導入、平等な取り扱い）、プラットフォーム・チーム制。
フォード	品質改善を目的とした現場作業員への権限委譲、部門を越えた連携。
GM	労使共同の品質戦略会議、品質向上で労使が共同歩調をとることが全国労働協約におり込まれる。

出所：著者作成

入され、開発期間の大幅な短縮を実現させた。

フォードは、一九七〇年代後半に資本参加を始めたマツダを通じて、新しい生産様式導入の必要性を認識した。[34] これを受け、「品質第一（Quality Is Job 1）」をスローガンとして、監督者の品質改善責任を現場作業員へ委譲すること、生産現場を越えたサブシステム間の連携を促進すること、労働者に複数職務を習得させるトレーニングを実施することが労使で合意された。

GMは、一九八三年にミシガン州ポンティアック工場で改革を始めることになった。チームワーク方式の導入と労使が共同で問題解決会議を開催することがローカル労働協約で合意されたのである。[35] しかし、この改革は、ポンティアック工場で製造していた新型車が販売不振に陥った影響を受けて、道半ばで頓挫した。

このような失敗を糧として、新しい生産様式の導入に関する労使合意は着実に具体化されていった。経営側は一九八三年に「General Motors Quality Ethic」を公表した。これは、品質の向上が経営戦略における最優先事項であると公言したものである。[36] これに基づいて、一九八五年には経営側とUAW－GM部門双方で品質改善を研究する委員会が立ちあげられた。続く一九八六年には経営側とＵＡＷ－ＧＭ部門が共同で品質向上に関する研究会（The UAW-GM Joint Quality Study）を設置した。この研究会の報告に基づいて、ＧＭ労使関係担当副社長とＵＡＷ－ＧＭ部門代表との連名により、品質改善を目的とする労使共同の会議の開催が提案されることとなったのである。

これらＧＭ労使の歩み寄りは、一九八四年に設立されたトヨタとＧＭの合弁会社ＮＵＭＭＩの経験が影響している。ＮＵＭＭＩはＵＡＷ組合員を雇用したはじめての日本自動車メーカーである。ここでは、職務区分削減とチームワーク方式が取り入れられたほか、各種委員会が労使共同で運営されるなど、労働組合が経営に参画した。操業の立ち上げから間もなくして、ＮＵＭＭＩは生産性、品質、コストの面で米国市場トップレベルとなった。ＧＭは、その経験を糧として、改革プログラムＧＭＰＳ（General Motors Production System）を作成し、一九八六年に発表した。ＧＭＰＳはリーン生産システムの思想を反映し[37]、顧客満足のための品質改善と生産現場における従業員の経営参加を基盤としていた。

これらの成果は、一九八七年にオハイオ州トリド市で開かれた労使による品質戦略会議の場で交わされたトリド協定に結実した。この協定は、①ＧＭとＵＡＷトップが労使共同の品質戦略に参加しコミットし続けること、②品質改善をサポートするための教育とトレーニングを実施すること、③品質改善のための労使のコミュニケーションプロセスを作ること、④労使共同行動に関する計画と構造を作ること、⑤不断の改善とムダを排除する全社的な巻き込みを実施すること、⑥品質改善をサポートする報償システムを作ること、という六項目からなり、高い顧客満足度を獲得できる高品質商品の製

図表1-10　GM：戦略レベルにおける労働組合の経営参加	
1983年	「General Motors Quality Ethic」公表
1985年	労使による品質改善研究委員会設置を決定
1986年	品質向上研究会（The UAW-GM Joint Quality Study）報告 UAW副会長兼GM部門長とGM労使関係担当副社長連名で労使共同の品質改善に関する会議開催を提案
	General Motors Production System（GMPS） 品質改善のため、生産現場における従業員参画を確認
1987年	トリド協定（オハイオ州トリド市） GMの市場競争力確保と雇用安定のため高い顧客満足度を獲得できる高品質が不可欠

出所：Weekley & Willber［1996］pp.66-79より作成

造が雇用安定と市場競争力確保という労使双方の目的の実現のために不可欠であることを確認するものとなった[38]。

これを受けて、一九八七年の全国労働協約では、トリド協定を具体化する品質向上のための労使のネットワーク（The UAW-GM Quality Network's）の立ち上げが承認された。ついで、一九九〇年の全国労働協約では、Quality Network'sの運営が、UAWとGM経営側のパートナーシップに基づくものであることが確認された[39]（**図表1－10**）。

これらの労使合意の一方、ローカル・ユニオンには、これまで親しんできたフォード・システムに基づく労働組合活動から容易には離れることができないという慣性が残っていた。ローカル・ユニオンは、細分化された職務をベルトコンベアーで再統合するフォード・システムを職務規制や先任権で規制してきた。しかし、従業員の連携を強化する新しい働き方の導入はローカル・ユニオンの既存の交渉力を大幅に弱めてしまう。そのため、たとえ企業別支部や中央執行委員会が新しい働き方の導入について経営側と合意していたとしても、ローカル・ユニオンはその合意に反発することは少なくなかったのである。この反発をどのように克服するかが、新しい課題となった。

全社的な変革――分権から集権へ

改革は生産現場や研究開発部門だけで行なわれただけではない。組織構造の全社的な変革も同時に行なわれてきた。競争力を回復するカギとされたリーン生産システムは、「生産現場」「研究開発」「サプライチェーン」「顧客対応」といった部門をサブシステムとみて、それぞれのサブシステム間、サブシステム内での密接な連携を高めるものである。生産現場や研究開発部門の内部の連携が高まるだけでは不十分である。しかし、全社的な連携を強化する仕組みを構築するためには大きな障害があった。ここでもGMを取り上げてみていこう。GMは、繁栄の基礎を作った経営者アルフレッド・スローンによって考案された分権的事業部制に基づいて車種ブランドごとに事業部が編成されていた。各事業部は権限が移譲される分権的構造となっており、財務部門がこの分権的事業部を統括するという仕組みとなっていた。そのため、各事業部には重複する機能と職務が存在し[40]、事業部間の連携よりもむしろ個別事業部と財務部門との連携が重要視されてきた。この組織構造がサブシステム間の連携のための障害と認識され、一九八〇年代に、サブシステム間の連携を促進する機能別組織への再編が開始された。これにより、車種ブランド別の事業部は「販売、サービス、マーケティング」「小型車」「中型・高級車」「トラック」「パワートレイン」「部品製造」の六つの機能別組織に変更されるとともに、それぞ

図表 1-11　分権と統合

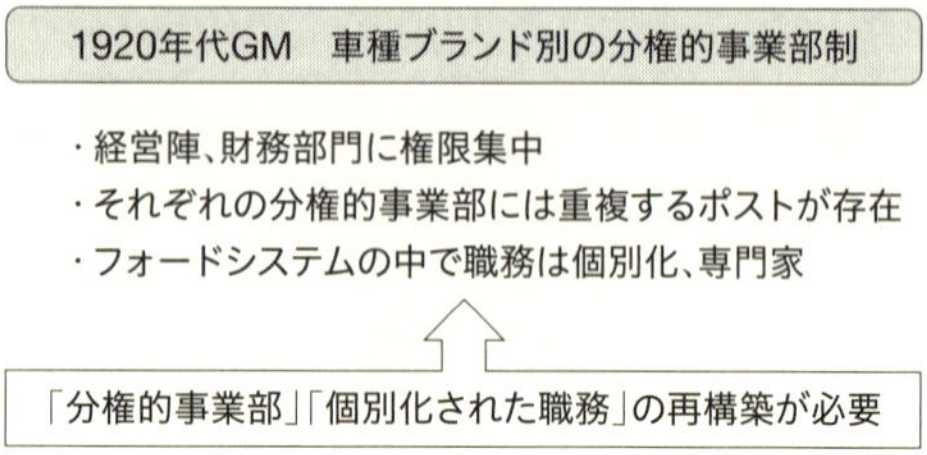
1920年代GM　車種ブランド別の分権的事業部制
・経営陣、財務部門に権限集中
・それぞれの分権的事業部には重複するポストが存在
・フォードシステムの中で職務は個別化、専門家
「分権的事業部」「個別化された職務」の再構築が必要

出所：著者作成

れの部門間を連携させるクロスファンクショナルな機能が串刺し的に付加された[41]。同時に、分権的事業部制の下で役割が重複していたホワイトカラー職務の削減が着手された[42]（**図表 1－11**）。

事業部門の再編成と歩調を合わせて、人事管理部門の再編も行なわれた。GMの人事管理を担ってきたのは人的資源管理部（HR department）である。

この部門の役割が一九九八年に見直された。これまで、GMの人的資源管理部が重要視してきたのは、効率的な事業の実施や財務業績、および顧客満足をサポートすることであった。しかし、人的資源管理部の再編によって、労働者の能力を最大限に発揮させるためのサポートを行なう役割が求められることとなったのである。この方針に基づき、技能育成を行なうための社内大学（GM University）の設立（一九九八年）、ホワイトカラー間の連携を促すための教育プログラム（THE PACE-Partners for the Advancement of Collaborative Engineering Education）の設立（一九九九年）、ホワイトカラーを経営参加に巻き込むワークショップ・プログラムGoFastと個人業績と企業目的を連携させるThe PMP（The Performance Management Process）

（二〇〇〇年）が立ち上げられた。(43)

人的資源管理部の社内的な位置づけも変更された。人的資源管理部を代表する副社長はそれまで参加が認められなかった上級役員経営委員会（Senior executive management committee）の正式メンバーとなり、組織運営における中核的役割の一端を担うようになったのである。

経営陣が、上意下達的なホワイトカラーの思考法を、連携を阻害するとして問題視したことが人的資源管理部の変革のきっかけとなった。分権的事業部制に適応し、事業部、事業所のそれぞればらばらに独立していた人的資源管理部の方針が企業で統一されることとなったのである。これを受けて、人的資源管理部職員の職務内容は、職員の技能管理（Talent management）、労使関係（Labor relations）、計画や事業の実施（Operations）の三つに整理された。

分権的事業部制以外の阻害要因も存在していた。それは、労働組合に加盟している従業員とそれ以外の従業員であるホワイトカラーの管理のあり方の違いに基づくものである。労働組合員の労働条件は団体交渉の結果に拘束される。この団体交渉を機軸とした仕組みを管理するため、労使関係部（Industrial Relations Department）が置かれていた。労使関係部は、全国労働協約と事業所別労働協約（ローカル労働協約）に基づいて、労働組合員の人事制度を策定する。労働協約が全国と事業所別という二本立てになっていることから、労使関係部の機能も二分され、事業所別に分権化される構造となってきた。

一方、ほとんどが労働組合員ではないホワイトカラーの労働条件決定および管理は人事部（Personnel Department）が対応した。ホワイトカラーの労働条件は、団体交渉の結果を受けて、労働組合員の労働条件に追随するかたちで変更された。その理由は、経営効率上、簡便であったとともに、労働条件を労働組合員と揃えることで、ホワイトカラーが労働組合に加盟する意欲を失わせる意味を持っていたのである[44]（**図表1－12**）。

したがって、労使関係部の決定に人事部が準ずるようなかたちになっていた（**図表1－13**）。労使関係部の機能が事業所別に分権化していたのと同様に、人事部の機能も分権的事業部制に対応するため、事業部ごとに分権化する傾向があったのである。

もう一つの阻害要因として、労働組合に組織されていないホワイトカラーが官僚的な管理をされる傾向があることが指摘された[45]。具体的には、精緻に記述された職務区分を基に職務評価が行なわれて給与や昇進と関連づけられることや、休暇などの制度が明文化されており、合理的に運用されていたことである（**図表1－14**）。このため、ホワイトカラーは整えられた制度を越えて、自ら従業員間の連携を試みることはほとんどないとされた。

すなわち、労働組合員、ホワイトカラー双方ともに分権的に管理されてきたのである。しかし、労使関係の変化がホワイトカラーの管理にも影響を与えるようになってきたことで状況に変化が訪れた。市場競争の激化により、労働組合員の労働条件は容易に向上せず、むしろ低下するようになるなかで、本来は労働組合員の労働条件の向上が先行するはずが、ホワイトカラーの労働条件が団体交渉の結果よりも先行して低下するようになったのである。GMを例にとると、二〇〇五年にメリットペイ（業績連動型賃金）制度の廃止、二〇〇六年に退職者向け医療費個人負担分の導入、二〇〇七年に確定拠出

図表 1-12　労使関係部と人事部の関係（1）

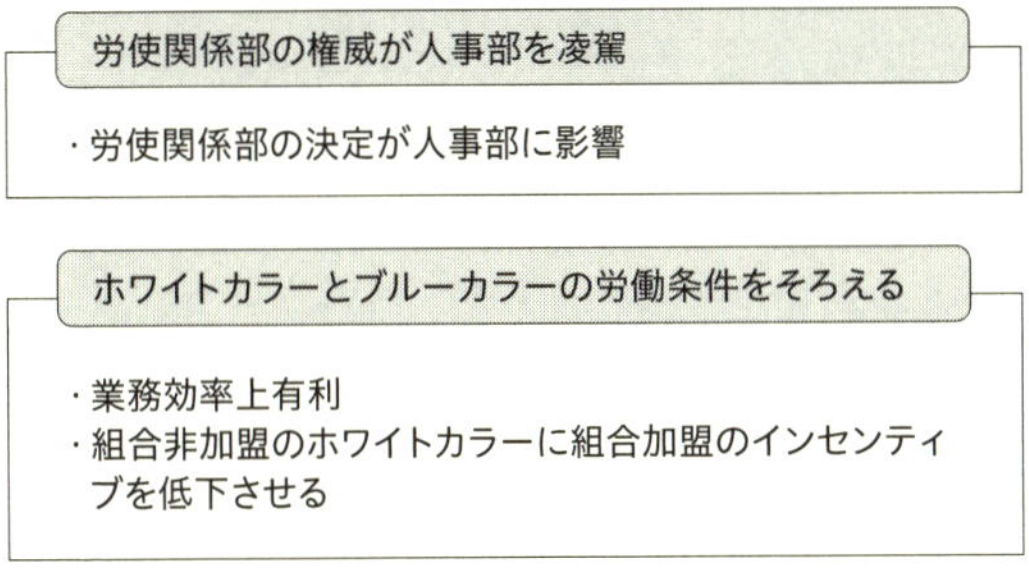
労使関係部の権威が人事部を凌駕
・労使関係部の決定が人事部に影響
ホワイトカラーとブルーカラーの労働条件をそろえる
・業務効率上有利
・組合非加盟のホワイトカラーに組合加盟のインセンティブを低下させる

出所：MacDuffie［1996］pp.93-95 より作成

図表 1-13　労使関係部と人事部の関係（2）

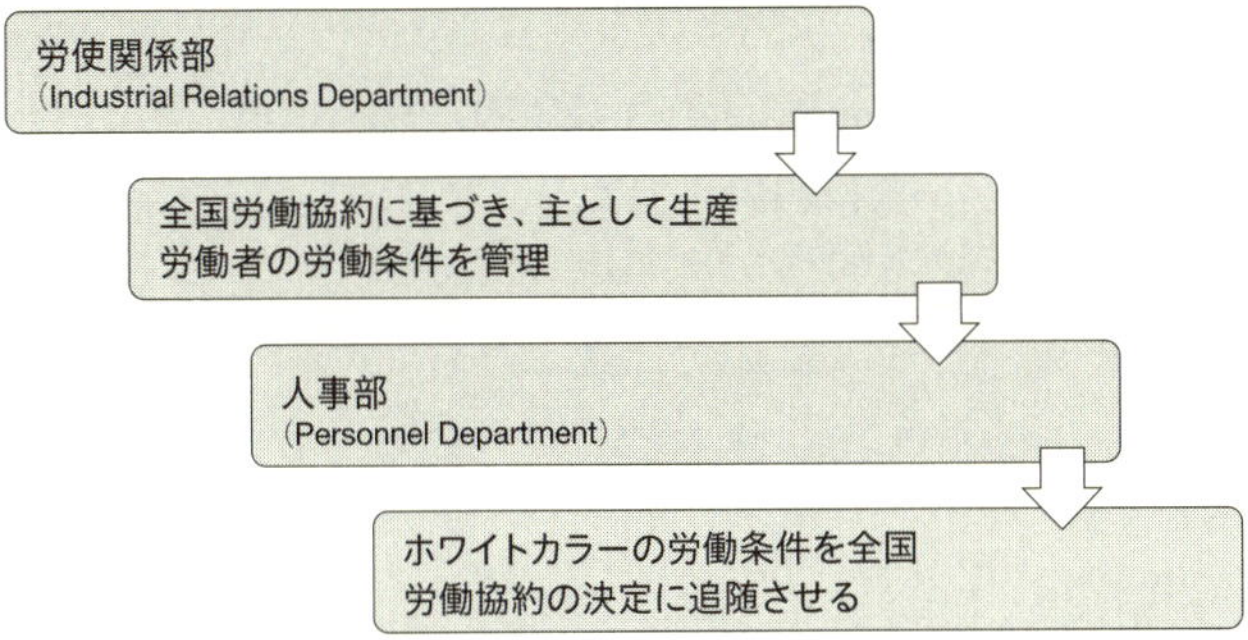
労使関係部
（Industrial Relations Department）
全国労働協約に基づき、主として生産労働者の労働条件を管理
人事部
（Personnel Department）
ホワイトカラーの労働条件を全国労働協約の決定に追随させる

出所：MacDuffie［1996］pp.93-95 より作成

図表 1-14　労使関係部と人事部の関係(3)

生産労働者

・対等な労使交渉の下で労働条件が決定

ホワイトカラー

・全国労働協約に従属
・高度に形式化、明文化された規則に基づく給与水準、職位の決定

出所：MacDuffie［1996］pp.93-95 より作成

図表 1-15　先行をして低下するホワイトカラーの労働条件

全国労働協約に先行して実施(GM)

・メリットペイ制度の廃止　05年
・退職者向け医療費個人負担分の導入　06年
・確定拠出型年金の導入　07年
・32%の人員削減　00年～05年
・07年までに40%の人員削減

出所：MacDuffie［1996］pp.93-95 より作成

型年金の導入、二〇〇〇年から二〇〇七年にかけて四〇％の人員削減の実施などが、労働組合員に先行してホワイトカラーに行なわれた（図表1－15）。

分権的事業部制から部門間を連携させるクロスファンクショナルな機能を有する集権的組織へ変更すること、従業員間の連携を促進する人的資源管理部へ機能を変更すること、そして、団体交渉の結果に追随する必要性が減少した環境の変化の三つを主要な原因として、リーン生産システムへ移行するための阻害要因が取り除かれてきたといえよう。

3 労働組合のアプローチ

生産、品質の向上のための労使の協力は、ジョイント・チーム雇用パターン（Joint Team-Based Employment Pattern）として分類される。労働者がチームを形成して情報共有することを通じ、事業の意思決定過程に参加することがその特徴である。労働組合未組織企業が行なう人的資源管理パターン（人的資源管理的手法）と日本企業を起源とする雇用関係パターン（Japanese-oriented Employment Relations Pattern）もジョイント・チーム雇用パターン同様にチーム制度を特徴とするが、その内容は大きく異なる。(46)

日本企業を起源とする雇用関係パターン（Japanese-oriented Employment Relations Pattern）は、人的資源管理的手法の特徴に職務標準化、問題解決型チーム、強力なスーパーバイザーなどが加わったものである。ジョイント・チーム雇用パターンが意思決定に関して労働組合と労働者の参加を重視するのに対し、人的資源管理的手法と日本企業を起源とする雇用関係パターンは労働者の参加よりもむしろ経営者やスーパーバイザーの役割を重視する。[47]

経営権を人事労務管理の制度設計と運用や職務設計という従業員の日常の働き方に直接に影響を与えるものと、企業戦略の策定に関するものに限定して考えてみよう。ここでは、人的資源管理的手法および日本企業を起源とする雇用関係パターンの双方とも、企業目的に従業員の人間的な欲求を合致させるという点で従業員のコミットメントと参加を必要としているものの、経営権は経営側が主導的に行使する。[48]

一方、ジョイント・チーム雇用パターンでは、労働組合が経営に積極的に関与する。これは、労働組合を企業経営のステークホルダーの一つであるとするよりも、企業経営のパートナーの一つとみる捉え方といえよう。労働組合は、人事労務管理の制度設計と運用や職務設計などの従業員の日常の働き方のルール作りにおいても積極的に関与する。細分化された職務区分を所与のものとして活動してきたUAWにとって、人事労務管理の制度設計と運用や職務設計に関する意思決定過程に参加することは、大きく路線を変更することを意味する。従来は、経営側によって与えられた制度が公正に運用されているかどうかを中心として交渉していればよかったものが、この変化によって経営側と同様の立場になってしまう。つまり、労働組合は交渉力の基盤を変更させなければならない。これによって、労働組合そのものが労働組合員からの苦情の対象となる可能性さえ生じるようになったのである。

そのため、人事労務管理の制度設計と運用や職務設計においてもっとも影響を受けるローカル・ユニオンで反発の動きが見られるようになったのである。この反発がどのようなかたちで現れるかによって、UAW中央執行委員会の方針も異なる。この姿をいくつかの工場の事例を見ながら考えてみよう。

GMのヴェンツヴェル工場、オライオン工場、ポンティアック工場では、職務数の削減や、労働者に保全業務を兼務させて多能工化を進めるなどのチーム方式の導入が行なわれた。しかし、ローカル・ユニオンは経営側にそれらを撤回させたり、新しい規制を設けることで、導入したチーム方式を有名無実化させた。

同様に、ローカル・ユニオンが労働者参加に反対の立場から新しい規制を作った事例には、GMのヴァンナイズ工場がある。ヴァンナイズ工場には、一九八七年にチーム方式が導入された。その際に、ローカル・ユニオンが運営する職場委員がチーム会議を抜き打ちで検査できることや、チーム・リーダーを先任順位で選出すること、人事異動の際に先任権を優先するといった新しい規制を作り出した。それだけでなく、チーム方式そのものにも反対を表明するようになった。そのため、経営側はローカル・ユニオン役員を解雇したのち、工場そのものを一九九二年に閉鎖した。この決定に対して、UAW中央執行委員会は、経営側を支持したのである。

一九八一年にチーム方式が導入されたGMのシュリーブポート工場では、チーム・メンバーがチーム会議に出席することがローカル労働協約によって義務づけられた。しかし、それから三年後の一九八四年には、チーム会議への出席は義務ではなく任意とする変更がローカル労働協約で行なわれた。これもチーム方式に対する一つの規制である。

マッダ・フラットロック工場は、一九八六年にチーム方式を導入した。導入に合意した際の組合支部長と職場執行委員は地方本部長によって直接、任命された。つまり、チーム方式を支持するフォード－UAWトップの強制力が働いたのである。しかし、一九八九年の役員選挙では、チーム方式反対派が選出された。これを受けて、一九九一年に、ローカル労働協約が変更された。その内容は、チーム・リーダーを労働組合員が公選すること、チーム運営の自主性を拡大すること、チーム・リーダーが監督者でないことを確認すること、自由に取得できる私事有給休暇を設定すること、作業標準設定に組合が関与すること、先任権による優先的な異動の継続を確認することなどであった。続く一九九三年のローカル労働協約の改定では、ジョブローテーションのスケジュールがチームの自主性にまかされることが合意されるなど、職場レベルにおける労働組合の関与の度合いが高まっていった。シュリーブポート工場、フラットロック工場のローカルUAWが行なった新しい規制については、ヴァンナイズ工場と異なり、UAW上部組織は容認している(49)。

同様の事例は、GMランシング工場でもみることができる。ランシング工場では、一九九三年の労働協約で労働者参加に関する施策の導入を受け入れることと引き換えに、既存のワークルールに新たな規制を加えた。その内容は、職種数の削減などをともなうチーム方式を導入する一方で、それまで職長の権限で行なわれていた同一職種内の持ち場変更を先任権によって行なうというものである(50)。

これらの事例から明らかになることは、以下の通りである。ローカル・ユニオンが労働者参加を肯定的に捉えて関与の度合いを高める場合にかぎり、労働者参加に対する新たな規制を行なったとしても上部組織はその決定を支持する。しかし、ローカル・ユニオンが労働者参加を否定的に捉え、導入に反対の姿勢をとる場合には、上部組織はローカル・ユニオンの決定を覆すことを試みるなど経営側と同様の立場をとる。つまり、ローカル・ユニオンが労働者参加に対して関与することを通じて、労働組合が企業内のシステムとなることを上部組織が望んだのである。

この労働組合による関与の仕方について、チーム方式を取り上げて説明しよう。チーム方式は、フォード・システムで行なわれてきた職長による工程管理を変更し、十数人から数人規模のチームによって、労働者が自律的な管理を行なうものである。その目的は、チームに所属する従業員間の連携を高めると同時に、チーム間の連携を高めることで、生産現場における生産性と品質の向上をはかることである。労働組合がチーム方式の導入に合意して、従業員間の密接な連携を強化することに協力するとしても、その関与の仕方には重要な意味がある。つまり、チーム運営に労働組合がどれだけ関与できるかどうかが、職場規制に変わる新しい交渉力となり得る可能性があるからである。せっかくチーム方式の導入に合意したとしても、チーム運営の権限が経営側に完全に握られてしまえば、作業速度や作業密度などについて労働組合側が関与する機会を失ってしまう。結果として、フォード・システムよりも労働強化が進展してしまうかもしれない。

チーム方式への労働組合の関与の程度は、チーム・リーダーの選出、チーム会議の運営、チーム・メンバーに対する職務の割り当ての三つの視点でみることができる。

チーム・リーダーの選出は、「チーム運営が労使交渉によって策定されたガイドラインに沿っている」→「労使委員会による協同運営」→「年配の労働者がボランティアでチーム・リーダーとなる」→「チーム・メンバーがチーム・リーダーを選出する」→「チーム・メンバーがローテーションでチーム・リーダーとなる」という順で労働組合側の関与の割合が高まっていく。

チーム会議の運営は、「議長が経営側のスーパーバイザーで組合代表が出席する」→「チーム・リーダーが議長でスーパーバイザーはオブザーバーとして出席する」→「チーム・リーダーが議長でスーパーバイザーはチームから要請があった場合だけ出席する」→「チーム・リーダーが会議開催権限を持つ」という順で労働組合側の関与が高まる。

職務の割り当ては、「人間工学に基づいた作業ストレスの低減やジョブローテーションの方法について労働組合が関与する」→「先任権によりチーム内の職務割り当てや職務区分の異動を決定する」→「チームが必要に応じて独自に人事配置やジョブローテーションを決定する」という順で労働組合側の関与が高まる。

労働組合側の関与の程度が強すぎて新しい働き方の導入の阻害要因なる場合には、UAWの上部組織はそれらの排除を試みる。一方、チーム方式の導入により合理化が進んで従業員が削減されたり、アウトソーシングが進んだりしたことに抗議するローカル・ユニオンのストライキも一九九〇年から一九九七年にGMで発生している。そのうち、一二件のストライキがライン労働者の増員要求に関するもので、四件がアウトソーシング反対を訴えるものであった。[51]

これに関して、労働者参加が労働組合の規制力を損ねるという立場、硬直的なワークルールが存在するために生産現場の改善が進まないという立場、労働組合を企業内のシステムとして位置づける立場からの調査や研究が行なわれた。(52) しかし、その間も生産現場では着々と変化が起こっていたのである。

4 生産現場で何が起こったのか？——労働組合の経営協力のプロセス

ＧＭのウィルミントン工場の事例は、労働組合による経営参加の効果として興味深い内容となっている。ウィルミントン工場は、一九八〇年代に機械化率の上昇や設備の近代化、自動化がすすめられた工場の一つである。しかし、フォード・システムの変更をともなわなかったため、生産と品質の向上につながらなかった。その結果、多くの労働者がレイオフされることとなった。この状況を打開するため、従業員間の連携を高める改革が一九九一年から始まったものの、成果がでないうちに工場の閉鎖が告げられた。ところが、危機的な状況下にありながら、生産性を回復させることに成功したのである。行なわれたのは、工場レイアウトの見直しとラインスピードの上昇だけにすぎない。これにより、一九九五年には工場閉鎖が撤回される。

しかし、生産性の回復があったものの、品質の向上の効果はあまり得られていない。つまり、新しい働き方の導入を行なわなくとも、生産性については改善の余地があるものの、品質の向上を行なうためにはやはり従業員間の連携を高める仕組みの構築が必要であることが確認されたのである。これはつまり、労働者と労働組合が危機感をもって職務にあたれば、まだまだ改善の余地が残されているということでもあった。

課題は、品質の向上をいかにして達成するかということである。ローカル・ユニオンは、フォード・システムを基盤とした慣性から離れることが難しい。そのため、細分化された職務範囲を拡大することや、職務区分を越えて別の労働者と連携するという新しい働き方の導入に強い抵抗を示す。しかし、フォード・システムのままでは、生産性の向上はできても品質の向上が望めない。

経営側に協力することで競争力を回復することに活路を見出そうとするUAW中央執行委員会などの上部組織にとって、ローカル・ユニオンの機能と役割を変更して、フォード・システムで保持してきた慣性を断ち切ることが成功のカギとなった。この点に関して、クライスラーとGMはそれぞれ異なるアプローチをしている。

危機感が強制するトップダウン

まず、クライスラーのアプローチからみていこう。ここでは、ジェファーソン・ノース工場をとりあげる。二〇〇六年二月に同工場の経営側と同工場を組織するローカル・ユニオンであるローカル7にインタビュー調査を実施した際[53]には、日本でよく知られるジープのラグジュアリー版のRV車、グランド・チェロキーを製造していた(**図表1－16**)。

図表 1-16　ダイムラー・クライスラー・ジェファーソン・ノース組立工場の概要（2005 年）

床面積：250,800 平方メートル（2.7 Million Square Feet）

生産：Jeep® Grand Cherokee, Commander

コンベア長：42,160 メートル（26.2 Miles）

ロボット数：502 台

従業員数：2,807 人

従業員に対するのべ訓練時間：40,000 時間（2004）

出所：ダイムラー・クライスラー Web サイトより作成

ジェファーソン・ノース工場は、米国自動車メーカーが本社を構えるミシガン州のデトロイト市東部に位置する。一九九一年に建て替えられたが、その理由はいくつかある。一九六〇年代にデトロイト市で起きた黒人暴動や一九八〇年代の自動車不況の影響で市の中心部が荒廃した。工場近辺も貧困者が多く治安の悪い地域であるとされた。そのため、工場老朽化対策と地域再開発が工場建て替えの理由の一つとなった。工場の入り口には市長の名前の入ったプレートが置かれているが、再開発による近隣住民の立ち退き反対が社会問題化するなど建てかえは必ずしもスムーズに進んだわけではない。ローカル・ユニオン委員長によれば、建て替え後も近隣の復興は進まず、学校の教育水準も低いため、彼自身は子供の教育のために郊外に引っ越したとのことである。

もう一つの理由が、フォード・システムで保持してきたローカル・ユニオンの慣性を断ち切るためであった。その内容をみていこう。

旧ジェファーソン工場は、一九八六年にクライスラーで最初にMOAs導入した。これにより、チーム・コンセプト、職務区分の削減、知識・能力給、労使の区別のない駐車場および社員食堂の設置による従業員の平等な取り扱いなどが実施されたのである。工場を組織していたローカル・ユニオンは、正式名称をUAW・ローカル7という。UAWのローカル・ユニオンの名称は企業や工場ではなく、通し番号となっている。番号が若ければ、それだけ長い歴史を持っていることになる。

MOAs導入にあたり、経営側はその運用内容についてローカル7の合意を取り付けることとあわせて、工場の建て直しを行なわないことを約束していた。しかし、経営側はローカル7の同意を得ずにMOAsの運用に関する変更を行なった。この経営側の行動がローカル7の反発を招いたが、これをきっかけとして、経営側は工場の閉鎖を強行し、建て替えを決定した。もちろん背後には市が行なう再開発事業もあった。しかし、工場閉鎖を断行した理由を探ると他にもいくつか見えてくるものがある。

ローカル7にとって、経営側の工場閉鎖の決定が大きな危機感を呼び起こすことになった。この危機感から、新工場設立後にも引き続いてMOAsを運用することについて、経営側と合意した。閉鎖から工場設立までの期間は、労働者はMOAs運用のためのトレーンニングを受けて備えることとなった。しかし、労働者の多くは年齢が高いだけでなく、読み書きなどの基本的な教育水準が低いため、トレーニングについていくことができなかった。同じ頃、UAWは「勤続30年退職(30's OUT)(54)」と題して、勤続三〇年の労働者に十分な年金と医療保険制度を用意してハッピーリタイヤメントを推奨する運動を行なっていた。この運動に便乗するかたちで、トレーニングについていけない労働者は職場から退いていったのである。

退職者の欠員補充にあたり、MOAsに対応できる教育水準や能力を基準に採用活動が実施された。そのため、一九九〇年代半ばまでには、平均年齢が低く、コミュニティカレッジ(日本では短大卒に相当)以上の教育水準を持つ労働者が大勢を占めるようになったのである。[55] 経営側とすれば、工場閉鎖を強行したことをきっかけとして、MOAsに対応できない労働者を入れ替えることに成功したことになる。経営側による工場閉鎖の決定に、UAW上部組織は反対の姿勢を打ち出していない。経営側は新しい生産様式に対応できない労働者の自発的な退出も促しているが、これに対してもUAW上部組織は抗議の声をあげていない。表立ってローカル・ユニオンの指導をしていないものの、新しい働き方の導入を進める経営側の決定を支持したのである。

スマート　UAW上部組織がローカル・ユニオンをトップダウン的に指導する姿は、MOAsを発展させる段階で明らかになった。一九九八年にクライスラー社がダイムラー社に吸収合併されたことを契機として、ジェファーソン・ノース工場に「スマート」と名づけられた改革が導入された。ダイムラー・クライスラー社は「スマート」を全社的に推進した。その内容は、①大人数編成チームで生じていた職務の重複や無駄を削減する、②チームを小さくすることによりチーム・メンバー間の連携と情報共有の促進をはかる、③異なるチーム間の情報交換を活性化することにより工場全体の生産性と品質の向上、コスト削減に対する一体感の醸成をはかることである。これにともない、一八名で構成されていたチーム編成は六名に縮小された。

スマートの運営体制は、トップマネジメント、エリア・マネージャー、グループ・リーダー、チーム・リーダー、チーム・メンバーの順の階層構造となっている。そのうち、トップマネジメントは労使代表となっており、チーム・リーダーとチーム・メンバーは、労働組合員である。管理者としての役割を担うエリア・マネージャーとグループ・リーダーは経営側が指名する。一方で、労働組合員から選ばれるチーム・リーダーは、自薦で候補者に登録したうえで、労使同数の選考委員会の投票で選出される。自薦には条件があり、チーム内の職務をすべて習熟することや、シニョリティ（年功）によるポイントを加算するなど複数の基準を満たすことが必要である。

スマートが導入される前と後でとくに大きく変わった点は、チーム・リーダーの役割である。チームの構成人数が削減されたことで、チーム・リーダーがより広範な職務への対応を求められるようになった。具体的には、チーム内や他チーム間との調整、チーム・メンバーの穴埋め要員などの役割も課せられる。チームリーダーの時間給はチーム・メンバーよりも五五セント上乗せされる。しかし、チームのマネジメント、他チーム間との調整、チーム・メンバーの急な欠勤の際の穴埋めなど、予測不能な事態への対処が求められるため、重圧を感じて、チーム・リーダーの職を辞するものも少なくないという。

労働組合員身分を離れることになるグループ・リーダーへの昇進も、同様に一定の要件を満たせば自薦により応募する道が用意されている。しかし、グループ・リーダーになっても、自ら降格することを選んで、労働組合員の身分に戻る者が多いとのことである。

もう一つの特徴として、「スマート」では大幅に職務区分が削減されている。職務区分は、一般のチーム・メンバーが従事する職務と、高齢者もしくはケガをしている労働者が従事できる軽作業の二種類となった。これにより、一般の生産現場労働者の職務区分は一つになったのである。

次に、「スマート」の運用を、チーム・リーダーとチーム・メンバーの役割からみていこう。「スマート」には運用マニュアル[56]があり、それぞれの役割が定められている（**図表1－17**）。

ジェファーソン・ノース工場では、トップマネジメントが五つのグループを管轄し、それぞれのグループは複数のチームによって構成されている。チームには一人ずつチーム・リーダーが置かれている。チーム・リーダーの役割は、「必要があればメンバーの代用としての役割を持つこと」「最適な能力の人材であること」「高度な技能を有すること」「シフトの開始毎に五分間の会議を開催すること」「チームおよびチーム・メンバーに責任を持つこと」「作業現場の内外を問わず、チーム・メンバーのモラール向上のための活動に責任を持つこと」となっている。

ついで、チーム・メンバーは、「工場の従業員は誰であれチーム・メンバーであること」「最重要かつもっとも価値ある資産はチーム構造であること」「品質保証の最前線であること」「全体の流れの中で、責任を有していること」「ほかのチーム・メンバーと、安全、品質、納品、コスト、モラール（SQDCM: Safety, Quality, Delivery, Cost and Morale）に関して意思疎通が図れること」「安全な作業現場を持続さ

図表1-17　チーム・メンバーとチーム・リーダーの役割

チーム・メンバー

・「工場の従業員は誰であれまずチーム・メンバーであること」
・「最重要かつもっとも価値ある資産はスマート・システムにおけるチーム構造であること」
・「品質保証の最前線であること」
・「全体の流れの中で、責任を有していること」
・「ほかのチーム・メンバーと、安全、品質、納品、コスト、モラール(SQDCM)に関して意思疎通を図れること」
・「安全な作業現場を持続させる責任があること」

チーム・リーダー

・「チームの一部として、リーダーとしてだけでなく必要があればメンバーの代用としての役割を持つこと」
・「客観的かつ自発的な過程により最適な能力の人材であること」「高度な技能を有すること」
・「シフトの開始毎に5分間の会議を開催すること」
・「チームおよびチーム・メンバーに責任を持つこと」
・「作業現場の内外問わずにチーム・メンバーのモラール向上のための活動に責任を持つこと」

出所：Daimler Chrysler 内部資料[2005a]より抜粋

せる責任があること」を認識した上で職務にあたることが求められている。つまり、「スマート」の運用のためには、チーム内の従業員間だけでなく、チームの枠を越えて連携を強化することを強く意識することが重要とされているのである。

一方、チーム・リーダーには、メンバーの動機づけをする役割がもっぱら求められており、ときには自らメンバーとして職務に当たることが求められている。したがって、安全、品質、納品、コスト、モラールを達成するための従業員間の連携が、チーム・リーダーとチーム・メンバーの別なく求められる役割となる。このチームが工場の最小単位としてグループを構成し、トップマネジメントに束ねられる。

チーム・リーダーからトップマネジメントへ伝達される情報は、業務量、職務内容、シフト、休暇などの調整事項である。チーム・リーダーが労働組合員であるため、ローカル7の委員長の携帯電話に直接、もしくは電子メールでチーム・リーダーが抱えている情報がよせられる。その後、ローカル7の委員長は経営側代表と調整を行なう。

ローカル7の委員長と経営側代表との調整は、一日、一週間、一か月といった単位ごとに行なわれるだけでなく、必要があれば随時行なわれている。定期的には、週および月単位の生産と労働投入量の調整が行なわれる。また、当日に労働者が不足する可能性が高まれば、夕方に経営側代表がローカル7委員長に電話をかけて協議する。その結果を受けて、委員長は関係部署のチーム・リーダーに携帯電話で連絡をとって労働者数を調整している。委員長とはインタビューで何度か面会したほか、食事にも数回行ったことがあるが、その席でもひっきりなしに経営側代表やチーム・リーダーから携帯電話に電話がかかってきたり、メールが送信されていた。

このように、トップマネジメントでは要員管理についての協議や調整が行なわれているほか、「スマート」の運用方針や運用に際しての不具合や、運用マニュアルの調整などが行なわれる。

一方、「スマート」の基本的な考え方を従業員に浸透するため、工場外で従業員の意識変革や技能育成のためのトレーニングが行なわれている。クライスラーにはそのための訓練機関UAW－DCX全国訓練センターが置かれ、労使が共同で運営している。このような訓練センターはクライスラーだけでなく、GMにもフォードにもある。

訓練センターで行なわれる訓練のうち、チームワーク技能に関するトレーニングが「スマート」の運用にとって重要な意味を持っている。実際の研修プログラムをみていこう。①研修概略三時間、②チーム・コンセプト五時間、③コーチング四時間、④紛争解決四時間、⑤シミュレーション（導入、七つの無駄、五つのSと作業組織、作業標準化）終日、⑥シミュレーション（リードタイム削減、実践的問題解決、Error and Mistake Proofing）終日、⑦シミュレーション（伝達者）、まとめ、終日、が全体のプログラム構成である。受講者は、このプログラムに沿って一週間の泊まり込みでトレーニングを受け、「スマート」に対する理解を深めていく（**図表1－18**）。

トップダウン　この「スマート」導入決定は、ローカル・ユニオンの自主的な判断ではなく、

図表 1-18　チームワーク技能習得に関する研修プログラム

- **研修概略**…3時間
- **チーム・コンセプト**…5時間
- **コーチング**…4時間
- **紛争解決**…4時間
- **シミュレーション**（導入、7つの無駄、5つのSと作業組織、作業標準化）…終日
- **シミュレーション**（リードタイム削減、実践的問題解決、Error and Mistake Proofing）…終日
- **シミュレーション**（伝達者）・**まとめ**…終日

出所：Daimler Chrysler 内部資料［2005a］より作成

二〇〇三年の全国労働協約に基づいている。ローカル・ユニオンよりも上部組織にあたるUAW国内団体交渉部門や中央執行委員会がダイムラー・クライスラー経営陣との間で「スマート」導入を合意したのである。

これにより、ローカル・ユニオンが行なってきたワークルールに対する規制はスマート実施のための阻害要因となってしまった。ダイムラー・クライスラーがこの阻害要因を取り除くためにとった手段は、ローカル・ユニオンの団体交渉に関する権限を国内団体交渉部門が引き継ぐことだった。つまり、「スマート」運用に関する規則を含めたローカル労働協約の作成そのものを国内団体交渉部門が行なってしまうのである。

このような上部組織によるトップダウンの権限行使は、ジェファーソン・ノース工場と同様に「スマート」を導入したイリノイ州ベルベディア工場、オハイオ州トリド工場から始まっている。ローカル7の委員長によれば、この二つの工場では、UAW上部組織で作成された案がそのままローカル労働協約となっているとのことである。ジェファーソン・ノース工場でも、ローカル労働協約の

作成にＵＡＷ上部組織がある程度の強制力を持つ意見をするようになってきたという。

これは、ジェファーソン・ノース、ベルベディア、トリドの三工場だけのことではなく、ダイムラー・クライスラー社全体で進んでいる。その実例として二〇〇三年に結ばれた全国労働協約には、従来であればローカル労働協約に織り込まれるような内容が取り込まれた。これに基づいて、二〇〇五年にダンディーとトレントンにあるエンジン工場では、労働組合に組織化されていない請負業者を生産ラインに入れた。これは、ダイムラー・クライスラーの工場で初めてのことであった。また、二〇〇六年にトリドのエンジン工場では、シフト体制の変更や複数の職務区分から二つへの削減、従業員間の連携を高める仕組みの導入、作業組織の変更、新規従業員の賃金の大幅削減などが行なわれた。シフト体制の変更では一日八時間勤務五シフトを一日一〇時間四シフトに削減している。作業組織の変更ではチームワーク制・柔軟な職務区分の導入を行なった。そのどちらも、従業員間とチーム間の連携を高めるものとして機能することが期待されている。また新規従業員の賃金は、既存の従業員の時間給と段階をつける二階建て賃金となった。

複線的な労使協調のしくみ

フォード・システムの慣性にしがみつくローカル・ユニオンの姿勢をトップダウンで劇的に変化させたダイムラー・クライスラーに対して、ＧＭは別のアプローチを採用した。この点に関し、ＧＭの改革の中心にいたＵＡＷ－ＧＭ人的資源センター（UAW-GM Center for Human Resources）の代表にインタビューを行なった。

UAW‐GM人的資源センターは、ミシガン州デトロイト市のGM本社ビルを西に車で数分ほど走ったところにある。このセンターにはUAW会長の紹介で訪れることができた。代表は経営者側、労働組合側のそれぞれ一名が置かれている。

説明によれば、トヨタの訓練センターを参考にしたものだという。門から建物の入り口までは整備された庭が広がり、車が複数台つけられる車寄せがある。入口を入ると、一階部分の天井は地上三階分ほどの余裕のあるつくりとなっており、ガラス張りの図書室や食堂が見える。代表は二人ともおよそ二〇年間にわたり改革をリードしてきたのだという。

ダイムラー・クライスラーとGMの変革のアプローチのもっとも異なる点は、GMが急激な変化の方向を選ばずに、マネージャー層、ローカル・ユニオン役員なども含めて、現場従業員の理解と納得を得る努力をしながら進めてきたところにある。従業員間の連携を高める仕組みが競争力の向上のために必要だということが労使トップには理解できたとしても、ほとんどのマネージャー層と労働組合員には理解が難しい。かといって、ダイムラー・クライスラーと同じような経営破綻や吸収合併などの危機がGMにあったわけではない。そのため、トップダウン的な改革を行なってもあらゆるところから反発を受けることは容易に想像できる。ほとんどのマネージャーや労働組合幹部が危機に気づいていないというところから、危機感を意識させ、これまで持ってきた慣性を変更し、従業員間の連携を高める組織へと変革するための具体策を打たなければならない。これがGMが行なってきたことである。その中心にいたＵＡＷ－ＧＭ人的資源センター代表の二人は、懇切丁寧に自分たちが取り組んできたことや直面した困難について説明してくれた。組織変革に二〇年以上もの年月をかけた事例は珍しいかもしれないが、そこには非常に明快で論理的なプロセスがあった。まず、ＧＭ労使がトップどうしで協力が必要であることをどのように認識していったのか、そして次に、その認識に基づいてどのようなプロセスでマネージャーや労働組合員の意識や行動を変えていったのかを見ていくこととする。なお、ＵＡＷ－ＧＭ人的資源センター代表の二人はＧＭ労使トップの共通認識が形成された時点から中心メンバーとして参加していた。だからこそ、その後の変革でも責任者に指名されたのである。

労使トップの共通認識の形成と品質評議会（Quality Council）

ＧＭは、一九八三年に品質の重要さを明示する「General Motors Quality Ethic」を公表した。これは、全社をあげて品質工場に取り組むためのトップによる最初の方向づけとなった。翌一九八四年には、ＵＡＷ－ＧＭ人的資源センター（UAW-GM Center for Human Resources）が設立された。前述したように、ＵＡＷ－ＧＭ人的資源センターが中心となって、マネージャー、労働組合員双方の意識と行動の変革をリードしていくことになる。

一九八六年には、品質向上を目的とする労使合同の研究会（The UAW-GM Joint Quality Study）が立ち上げられた。この研究会の代表には、ＧＭ部門トップのＵＡＷ副会長とＧＭの労使関係担当副社長が就任した。この研究会の成果は、ＧＭＰＳ（General Motors Production System）として取りまとめられた。これは、生産現場における従業員参画を中心においたものとなっている。

これらの成果を受けて、一九八七年には生産現場の改善に労使が共同で取り組むことが確認された。これは、協議が行なわれたオハイオ州トリド市の名前をとって、トリド協定とされている。ここにおいて、GMの経営者側がUAWの協力を仰ぐことが初めて公式に表明されたのである。

ところで、UAW-GM人的資源センターのUAW側代表はトリド協定が結ばれた日の様子を話してくれた。氏はそのときは別室で控えていたという。協定が結ばれた日に長時間の会議から出てきた経営側代表のうちの一人が協定文書を机に叩きつけたのだという。その理由を問うと、労働組合の協力を仰ぐという協定そのものに不満だったのだろうと教えてくれた。氏によれば、そのような反応は特段に珍しいものではなく、労使が共同で取り組むことが確認されたといっても、実のところは、GM会長、人事担当副社長、UAW会長、UAW副会長（GM部門）の四人しか、本当の危機感を共有していなかったのだという。いずれにせよ、トリド協定は労使トップが協力体制に入るという象徴となった。この方針決定は、The UAW-GM Quality Network's を全国的に立ち上げることを定めた同年の全国労働協約に織り込まれ、ローカル・ユニオンの承認を得た。

これにより、労使トップの意志は現場まで伝わることになったわけである。しかし、これだけで意識が変わったり、行動が変わったりしたわけではない。続いて、経営側、UAW側双方のトップ・中堅層の意識改革が試みられた。一九八九年には、労使トップ層に労使協調努力の重要性に対する共通認識を醸成することを目的として、UAW-GM部門と経営側の双方から合計五〇〇〇人の幹部が参加したQuality Networkリーダーシップセミナーを開催した。これと併せて、UAW－GM人的資源センターが変革のための工程表（Process Reference Guide）とセミナーで活用する教育訓練教材の作成を行なった。

一九九〇年の全国労働協約では、UAWがGM経営陣にとって重要なパートナーであることを明文化した。これは、ローカル・ユニオンに対して、フォード・システムに変わる新しい方向性を公式に意識させるものとなったといえよう。ここまでは、トップ層の意識改革、工程表の配布による全社的な共通認識の醸成、教育訓練教材の作成といった変革のための準備段階にすぎない。具体的に従業員を変革に巻き込み、行動へと変えるための方策が実行に移されたのは、一九九二年一一月に立ち上げた品質評議会（Quality Council）の場である。ここで特徴的なことは、全国労働協約にその存在が織り込まれていないということである。つまり、それまでは従来の労使関係の正式ルートで手続きを踏んでいたものが、実際に従業員の行動を促す段階になると、トップダウン的な方法は避けたのである。

まず、品質評議会の全体像から説明しよう。品質評議会は、UAWとGM双方の幹部によるleadership QC（トップレベル）、地域レベルの労使代表によるGroup/Divisional/Staff QC（地域レベル）、工場レベルの労使によるPlant /Staff QC（工場レベル）という三層構造になっている。

次に、それぞれの機能を説明しよう。トップレベルは、①方向性の設定、②労使共同による戦略的主導力の育成、③目的、ゴール、戦略的主導力の伝達に関する機能を担う。また、地域レベルは、①目標に合致する可能性のあるプロセスの決定、②改善機会の認識、③目的とゴール、改善のための機

図表1-19　労使関係の3つのレベルと並列する品質評議会

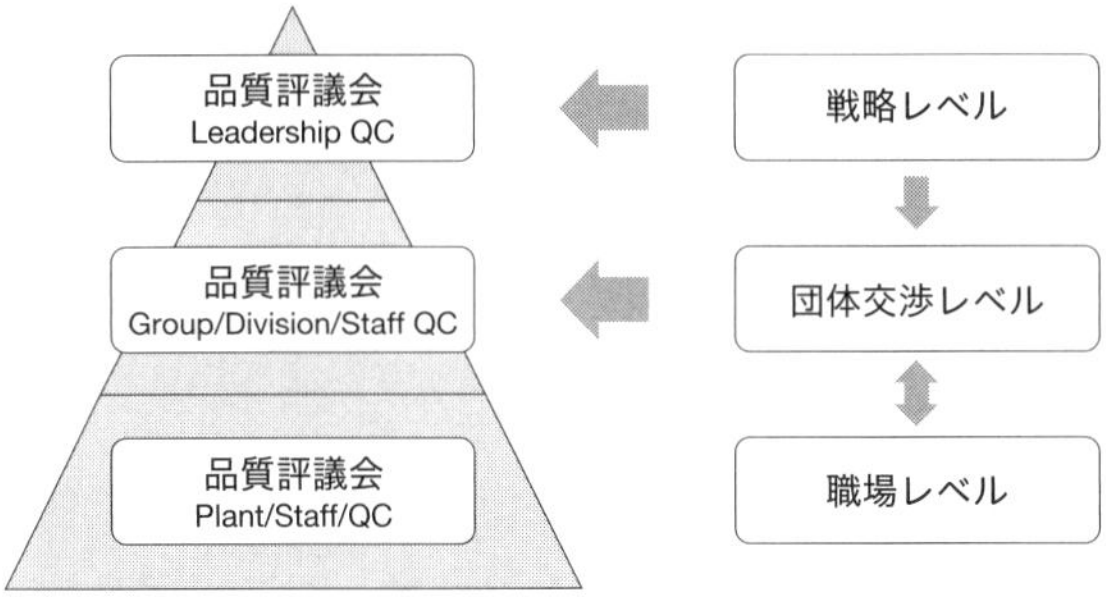

出所：著者作成

会の伝達に関することが機能とされる。工場レベルは、①文書処理、②管理プロセス、③改善の実施、④別の改善機会の認識、⑤目的とゴール、改善のための機会の伝達に関する機能が期待されている。それぞれのレベルは同一レベル内、および別のレベル間との経験や問題に関する情報共有を重視している。各レベルの品質評議会の運営は、同じ権限を有する労使同数の議長によって行なわれる。

この品質評議会が、既存の労使関係とどのような関係に位置づけられるかを示したものが（**図表1-19**）である。戦略レベルは、UAW中央執行委員会と国内団体交渉部門によって構成され、経営側と産業や事業戦略など高次の課題について合意が形成されるところである。団体交渉レベルは、国内団体交渉部門が主導するものの、中央執行委員会も参加して、個別企業および産業単位での労働条件を中心にする課題について労使の合意形成がなされる場である。ここでの合意が全国労働協約として形作られる。職場レベルは、事業所、工場を組織するローカル・ユニオンと事業所、工場の経営側代表が日常の働き方に関する合意を形成する場である。ここでの合意はローカル労働協約として形作られる。

このような労使が培ってきた戦略、団体交渉、職場といったレベルの公式ルートに対し、トップ、地域、工場のそれぞれの品質評議会は公式ルートのそれぞれのレベルに対応しているだけでなく、構成メンバーも重複している。つまり、既存の労使関係に対して複線的、もしくは並列しているのである。

この点に関し、公式ルートと品質評議会で取り扱う内容を整理しよう。団体交渉事項は、①賃金と付加給付、②雇用保障、③安全衛生、④ワークルールと雇用条件、⑤苦情処理、⑥組合承認、⑦資材調達、⑧UAW-GM人的資源センターの運営、⑨配置転換、⑩品質などを取り扱う。

一方、品質評議会は、①リーダーシップ条件、労働者の巻き込み、コミュニケーション、訓練といった支援環境の整備、②顧客の定義づけ、顧客とニーズの理解、顧客ニーズに応えることといった組織的な顧客中心主義の創出、③ムダの排除、生産性の向上、コストの削減、品質の向上、競争力の増進に向けた組織の同期化、④問題発生の予防、絶えまない改善、ブレークスルーといった製品品質上の問題に関する発見、解決、防止措置が範囲であるといったように、すみ分けが行なわれている。ただし、どちらも参加するメンバーはほとんどが重複していた。[57]

次に、品質評議会では具体的にどのようなことを変革しようとしていたのかをみていこう。

品質評議会をリードするUAW-GM人的資源センターは、変革が必要な点を次の一三項目に整理

図表 1-20　伝統的労働組合のアプローチ VS Quality Network			
Approach	**Traditional Union**	**Traditional Management**	**Quality Network**
Problem treatment	Management's concern	Crisis	Prevent & Solve
View of customers	Management can influence	Sell to them	Create enthusiasm
View of employees	A responsibility	A burden, Headcount	Greatest resource
Shop floor	Can influence	Source of problems	Source: suggestions
Shop floor methods	Tedious & boring	Routine, low-skilled	Work smarter….
Measures of success	Doing what you're told	End results only	Trends
information	"Why won't you tell me?"	Confidential	Shared
Appraisal focus	Weakness	Weakness	Strengths
Training	Part of the job	Nesessary Evil	An investment
Supervisors	The police	inspectors	Coaches
Viewing each other	Adversaries	Adversaries	Partners
Vehicle design	"Why didn't you ask?"	Fix it later	Design-in quality
Suppliers	Job Erosion	Low-cost provider	Long-term Parners

出所：UAW–GM CHR 内部資料［2005a］より作成

した。「問題解決」「顧客対応」「従業員対応」「作業現場」「作業方式」「成果測定」「情報共有」「評価の焦点」「訓練」「職長」「お互いの見方」「自動車デザイン」「サプライヤー」がその項目である。そのうえで、それぞれの項目について、従来の姿と変更後の姿を明らかにすることで方向性を提示したのである（**図表1－20**）。以下では、それぞれの項目についてみていくことにしよう。

「問題解決」は、労働組合が経営側に責任があるとし、経営側は危機管理の一つとして対処してきた。これは、労使共同で取り組む「予防と解決」となることが必要であるとした。

「顧客」は、労働組合は経営側の責任であるとして関知せず、経営側にとっては単なる販売相手にすぎないものであった。これが、労使双方にとって「興味を創造させる相手」として認識することが必要な存在となる。

「従業員」は、労働組合として責任をとるべき存在であり、経営側にとっては重荷としてとらえられてきた。これは、労使にとって重要な「資源」であると認識することが必要となる。

「作業現場」は、労働組合が影響力を行使する場であるとともに、経営側にとっては問題の種であった。これは、新しい働き方の推進のための「提案の源」となることが求められる。

「作業方式」は、労働組合は労働者を退屈させるものとしかとらえておらず、経営側は低熟練労働者にも対応可能にするものであった。これは、従業員間の連携を促進する「洗練された働き方」となることが必要である。

「達成指標」は、労働組合はいわれたことをやるだけに過ぎず、経営側はプロセスよりも成果だけが重要であった。これが、プロセスと結果を含めた「動向をとらえるもの」となることが重要になる。

「情報」は、労働組合は手に入れることが難しいもの、経営側は従業員に秘密にするものであった。これが、労働組合や従業員からの経営コミットメントを醸成するために「共有するもの」となることが必要である。

「評価の焦点」は、これまで労働組合と経営側はともに弱点に関して行なってきた。これが、「強み」を伸ばすという方向となる。

「訓練」は、労働組合は職務の一部にすぎないととらえ、経営側は必要悪であるとしてきた。これが、労使ともに「投資」として重要視する必要がある。

「職長」は、労働組合にとって警官のように管理、取り締まるものであり、経営側にとっては労働者を監督する役割を担わせてきた。これが、従業員を動機づける「コーチ」へと変化することが求められる。

「労使関係」は、従来、労働組合と経営側がともに敵対するものとしてきた。これが、「パートナー」としてお互いをとらえることが必要になるとした。

「品質管理」は、労働組合は自らの責任でないとして重要視せず、経営側は後工程で直せばよいとして、同様に重要視してこなかった。これが、「工程で作りこむもの」であるとして、生産現場を担う労働組合員と経営側の双方が責任を持つべきことであるとした。

「サプライヤー」は、労働組合にとっては職務をアウトソースされてしまうことにより職を減らすだけの存在であり、経営側にとっては低コストの提供者にすぎなかった。これが、労使双方にとっての長期的なパートナーへと変化する必要がある。

以上が品質評議会に示された方向性である。これは、マネージャー、従業員、労働組合幹部にとって、意識変革のゴールである。この方向性に基づいて、どのような具体的な施策が行なわれたのかを次でみていこう。

提示した方向性に関し、「支援環境の整備」「組織的な顧客中心主義の創出」「組織の同期化」「製品品質上の問題に関する発見、解決、防止措置」の四つが推進事項として設定された。この四つを実現するため、「労働者の巻き込み」「標準化」「品質の構築」「リードタイムの短縮化」「不断の改善」の五つの目標が定められた。

さらには、この五つの目標を実現するための具体策が設定されている。

「労働者の巻き込み」については、コミュニケーション、労使の協調的関係、従業員支援、トップリーダーシップによるコミットメントと巻き込み、教育訓練、労働者の気づき、提案制度、資源・環境保護。

「標準化」については、訓練重視、計画された保守、工場・設備・事務所レイアウト、作業組織と「見える化」。

「品質の構築」については、主要な特徴の抽出、無駄な機能の抽出、品質を向上させる機能の発展、統計的手法、品質達成コストの算出、設備もしくはプロセス能力、ミスの検証、品質検査、ばらつきの削減。

「リードタイムの短縮化」については、コンテナ輸送方式化、リードタイム削減、作業工程の均一化、プルシステム（かんばん）、準備時間の短縮化、スモールロット、品質に関する検査、サプライヤー関係の合理化、輸送。

「不断の改善」については、「品質向上のための労使のネットワーク」（Quality Network）プロセスに関する評価、実験を計画する、方法論の変化、問題解決、検証。

このように、方向性の確立、方向性に沿った推進事項と推進事項を実現する目標の設定、目標を実現する具体策の構築といった一連の流れには「品質評議会を通じた情報提供」→「従業員の意識変革を含めた変化の必要性に対する理解の促進」→「品質評議会に対するコミットメントの醸成」→「行動」といったプロセスが必要である。このプロセスを円滑に実行する基礎として研修が実施された。この研修の実施を担ったのが、UAW-GM人的資源センターである。

研修は知識習得型、参加型のディスカッション形式で行なうもの、実物を再現した作業ラインで体験的に行なうもの、保守や検査などの技能を習得するものなど多様な方法で行なわれている。参加型のディスカッション形式で行なう研修には、研修参加者用のテキストのほか、講師用のテキストも用意されており、プレゼン用の資料一枚ごとに説明に必要な時間、講義開始時間、ディスカッションを導くためのヒントなどが書き込まれている。(58)

UAW-GM人的資源センターは、これらの研修を実施するための教室、五〇〇人規模の会議場、自習用の図書館、工場のラインをそのまま再現した施設、高度な技能訓練を行なう教室、食堂、研修マニュアルの印刷所を備えている。

UAW-GM人的資源センターの運営、および Quality Network の推進計画は、GMワゴナー会長、UAWゲッテルフィンガー会長、UAWシューメーカー副会長兼GM部門統括責任者（二〇〇六年時点）に、UAW-GM人的資源センターの労使代表を加えたトップ会談により決定される。一方、計画の実行には、職場レベルの自主性に任せるボトムアップ的要素を重視している。したがって、ローカル労働協約の内容を強制する規定を全国労働協約におり込むなどの方法は採用していない。

経営に自主的に協力する「職場レベル」I-GMランシング工場　このように、GMでは労使トップによる合意形成に基づいて、UAW-GM人的資源センターが主導するかたちで、マネージャーと労働組合幹部、一般従業員の意識改革と行動改革が行なわれてきた。それでは、実際に生産現場はどのように変わったのだろうか。その点を明らかにするため、ミシガン州ランシング市のGMランシング・グランドリバー工場とランシング工場をとりあげる。(59)

ランシング工場は、デュラント・モータースが一九二〇年に設立した。一九三一年のデュラント・モータースの倒産から四年間の休止を経て、一九三五年にGMに買収されている。米国でもっとも長期間の自動車生産を行なった工場だったが二〇〇五年五月に閉鎖され、二〇〇一年に操業を開始したランシング・グランドリバー工場に生産が引き継がれた。ヒアリングを実施した二〇〇五年当時は、ブランド廃止が決定されていたオールズモービル・アレロ、旧型シボレー・マリブ（両車とも中型のセダン乗用車）が生産されていた。

品質評議会の取り組みは一九八四年当初から開始され、ランシング市に位置するミシガン州立大学の労使関係と生産工学分野の協力を得て品質改善努力が行なわれていた。また、UAW側の品質改善担当者をミシガン州立大学大学院の労使関係学部に進学させて品質改善手法を習得させ、品質評議会のメンバーとした。労働者参加をともなう新しい生産様式の重要性を理解するための意識改革が品質評議会を通じて進められることとなったのである。

この意識改革は、欠勤率を下げ、定時に出勤し、就業時間内は持ち場を離れず、飲酒、喫煙をしないといった初歩的なところから始まり、自分の受け持ちライン周辺の道具や、部品類を整理整頓する、在庫は一か所に集めるといった段階に進んだ。したがって、品質評議会主導による品質改善の実態は、働く環境づくりのための労働者の意識改革から始まったといっても過言ではない。この段階に引き続き、一九二〇年代の操業開始時点から使われているラインレイアウトの再設計が行なわれた。この動きに合わせるかたちで職務区分の整理削減と、一〇人程度の構成によるチームワーク制度が一九九三年のローカル労働協約で導入された。

これらの改善努力について、ランシング工場の品質評議会の労働組合側代表は肯定と否定の入り混じった評価をしている。肯定的な評価については、欠勤率の低下、定時の出勤、持ち場を離れない、就業時間中の飲酒、喫煙をしない、ライン周辺の道具、部品類の整理整頓、在庫の一か所管理、ラインレイアウトの再設計などにより品質が劇的に向上したことである。否定的な評価については、それらの基本的な改善努力だけで品質が向上した一方で、職務区分の整理削減とチームワーク制度による労働者参加などからは実感できる効果がほとんど得られていないことをあげる。その原因として、工場の基本的設備の古さ、工場労働者の平均年齢が五〇歳を超えることによる新しい働き方に対する不適応、オールズモービルのような不人気ブランド、旧型シボレー・マリブのようなモデルチェンジ前の車種を割り当てるなどのGM本社からの期待感のなさ、などを指摘した。UAW–GM人的資源センター（UAW–GM Center for Human Resources）の施設が完成した二〇〇一年以降、チーム・リーダーに対する教育訓練が強化されたものの、ヒアリング時点では近日中の工場閉鎖が予定されており、先行きに対する失望感が新しい働き方に取り組む熱意を低下させた。結局、二〇〇六年に新工場グランドリバー工場に引き継がれるかたちでランシング工場は閉鎖された。

この点に関し、職務区分の削減とチームワーク制度導入の代償として先任権が強化され、職長による配置権限が弱められたためにジョブローテーションが阻害されたことや、チーム・メンバーによる労働者参加が自発的なものに留まり実効性に乏しいこと、処遇システムの不整備などが指摘されている。(60)

この事例は、工場設備の古さ、労働者の適応能力不足という点でクライスラー・ジェファーソン工場の事例と類似している。ダイムラー・クライスラーは、設備が古く、労働者の適応力が不足しているジェファーソン工場を閉鎖し、新しくジェファーソン・ノース工場を設立したが、GMも同様に、新工場グランドリバー工場を設立している。異なる点は、ダイムラー・クライスラーが旧工場の道路をはさんで新工場を設立し、ローカル・ユニオンごと旧工場を引き継いだのに対し、GMは旧工場から離れた地点で旧工場のローカル・ユニオンを引き継がずに新工場を設立したことである。したがって、GMランシング工場に対しては工場閉鎖の危機感によって変革が強制されたわけではない。むしろ、変革による効果を期待されていなかったために閉鎖されたのである。

経営に自主的に協力する「職場レベル」Ⅱ－GMグランドリバー工場

GMグランドリバー工場は、後輪駆動乗用車用の新型プラットフォームSIGMAを持つキャデラックのメイン工場である。SIGMAの採用により、キャデラックはサスペンション、エンジン配置の変更など内部機構を刷新した。大人数が乗ることができ、荷物の積載量も大きいRV車や低燃費の日本車が主流となるなか、四ドアセダン型高級車キャデラックのユーザーの高齢化が課題となり、販売にも影響が出始めていた。そのため、キャデラックにはSIGMAの採用だけでなく、デザインを一新してユーザーを若年に回帰させるモデルチェンジが二〇〇二年に行なわれた。CMソングにはロックバンド、レッドツェッペリンが歌うロックンロールが使われ、それまでの重厚で高級というイメージから、荒々しく挑戦するイメージへの脱皮がはかられた。それに加えて、キャデラックには、GMの世界戦略におけるフラッグシップの役割が課せられた。そのため、キャデラックの生産を担うグランドリバー工場はGMで重要拠点と位置づけられることとなったのである。(61)

操業開始に先立ち、工場レベルの品質評議会とUAW－GM人的資源センターは、ランシング・コミュニティカレッジおよびミシガン州立大学の専門家を加えた研究会を立ち上げた。研究会は、GMとトヨタの合弁企業NUMMIとオペル・アイゼナハ工場(ドイツ)を複数回訪問することで得られた具体例も加え、生産性と品質の高い生産方式を探求した。

工場の立ち上げに際して、中核となるチーム・リーダー以上の労使代表はUAW－GM人的資源センターの施設やランシング・コミュニティカレッジとミシガン州立大学などで一年間の研修を受講した。研修期間の中でも、チームワーク制度は一人当たり一五〇時間の研修時間が設定されるなどもっとも長い時間が割かれた。さらに、研修を修了して工場に戻った中核メンバーが講師になり、チーム・メンバーに対する講習がオンサイトで実施された。

職務区分の削減やジョブローテーションは、従業員の柔軟な配置を行なっているNUMMIと同様の方式を採用したが、労働組合側の提案により、ジョブローテーション、従業員の柔軟な配置が撤回された。塗装工と部品組み付け工のような二つの職種のどちらも柔軟に運用して職場ローテーションを行なうことは、熟練度の向上という点から合理性を欠いており、生産性向上の阻害要因になるとの労働組合側の主張に使用者側が同意することとなったからである。これは同時に職場ローテーションや従業員の配置などのワークルールに関するローカル・ユニオンの規制とみることができる。

操業から三年後の二〇〇四年には、市場調査会社J・D・パワー・アンド・アソシエイツ社（以下J・D・パワー）による初期品質調査[62]（IQS）で、南米・北米地域で最も初期品質の高い車輌製造工場を表彰する「ゴールド・プラント賞（Gold Plant Award）」を受賞するとともに、世界で品質の高い工場ベストスリーにランクされるなど、品質向上努力の成果はすぐに表れた。操業から五年後の二〇〇六年にはハーバー・リポート社が行なう生産性調査により、北米地域で第六位にランクされるなど、生産性においてもトップクラスに位置づけられ、ローカル652委員長によれば、生産方式の手本としたNUMMIからグランドリバー工場に調査チームが派遣されるようになったとのことであった。

グランドリバー工場で雇用される権利を得たのは、ランシング工場ラインワーカーのおよそ半分である。残りはレイオフされた。また、二〇〇六年現在、グランドリバー工場の三分の一の労働者もレイオフ対象となっている。これらの危機感に対し、ローカル652役員は「労働組合が品質改善のためにできる協力は何であれ行なうつもりであり、GMの市場競争力向上のためにはレイオフや賃金カットであっても受け入れ、ジョブバンクの解体も辞さない」と述べた。前述のように、ダイムラー・

クライスラーのジェファーソン・ノース工場では、工場閉鎖の危機感から、団体交渉レベルおよび戦略レベルで作成された案をローカル労働協約として受け入れたため、職場レベルの労働組合はワークルールの運用に関する規制力が失われてきているという状況がある。それに対し、グランドリバー工場は、危機感をベースにしながらも、職場ローテーションや従業員の配置などのワークルールの運用に関して規制力を発揮していることに加え、「品質改善のためにできる協力は何であれ行なう」との自発的姿勢が注目される。

また、グランドリバー工場の品質評議会は、地域レベルやほかの工場の品質評議会との連携がまったくなく、トップレベルとの直結した関係のみであるとのことである。UAW－GM人的資源センターに対するヒアリングでは、工場レベルの品質評議会では自主性を重視するボトムアップ的要素を取り入れているとしており、グランドリバー工場の事例もそこにあてはまる。

労使共同決定

GMの労使は、品質協議会を通じた緩やかな改革とはまったく別個の計画も進めていた。それが、労働組合による経営参画を大きく深める労使共同決定的な運営を行なったサターンの実験である。サターンでは、研究開発、生産現場、サプライチェーン、顧客対応といったすべてのサブシステムで労使共同決定が試みられた。

トヨタとの合弁企業NUMMIでトヨタ式生産方式を経験したGMは、国際競争力のある小型車を生産することを目的として、UAW‐GM部門との間に、研究会「九九年委員会」(The Committee of 99')を結成した。研究会は、七つに分けた生産工程ごとに分科会を設定して、世界各国の生産工場を自動車に限定せずに調査するなど、もっともふさわしい経営方法を探った。これらの成果が一九八五年にGMとUAW‐GM部門との間で結ばれた二八ページの覚書となった。[63]

その内容は、「財務情報を含めた労使の情報共有」と「経営上の問題に関する労使共同決定権」を柱として、「協働を行なうグループ制」「自己管理型チーム」「最小限の職務区分」といった作業組織、「労働者への教育訓練」と「刺激的賃金の導入」からなっている[64](**図表1‐21**)。

労使がお互いをステークホルダーと認め合うことにより、品質と生産性の向上を成し遂げていくという結論が「九九年委員会」(The Committee 99')に織り込まれ、一九八五年に新会社サターンが誕生した。サターンに参加した労働者は他工場からの志願者で構成されていた。労働者は先任権の放棄が求められ、サターンの実験が失敗しても出身工場に戻れない。その代償として、操業が続くかぎりは、従業員数の八〇%の雇用保障が約束された。

作業組織は、六人から一五人で構成されるチームを単位とし、予算管理、品質、安全衛生、保守、在庫管理、訓練、配置、補修、休暇の承認、記録、募集・採用、作業計画策定などの決定に関する権限が委譲された。チーム・リーダーの選出は、チーム・メンバーによる公選制とされた。[65]平均的な北米の自動車組み立ラインにおけるジョブサイクルが六〇秒以内であるのに対し、サターンでは六分に拡大されており、細分化された職務を拡大することによる職務充実がはかられた。[66]

図表 1-21　GM、UAW-GM 覚書

①人間を資産として扱い、組織に対する貢献と価値を最大化するため、すべての従業員に集中的な訓練と技能教育の機会を与えること。

②共通のゴールに向かうことを自覚し、協働を試みるようグループを基盤とした組織とすること。

③財務情報を含め情報共有を行なうこと。

④工場用地決定、建設、工程・製品設計、技術選択、サプライヤーの選定、購買決定、ディーラーの選定、価格設定、経営計画、訓練、ビジネスシステム開発、予算管理、品質管理、生産性向上、職務設計、製品開発、募集・採用、保守、エンジニアリングにわたるすべての決定において UAW が共同決定に参加すること。GM は新製品および増資についての決定権を持つこと。

⑤自己管理型のチームが組織の基本となること。

⑥職務区分は最小限とされること。

⑦作業単位ごとに採用がまかされること。配置、採用に関し先任権は基準とされないこと。

⑧労使関係の管理運営に携わる専任の UAW 役員と企業側の労務担当者の数を必要最小限とすること。

⑨労使共通の目標である「品質の上昇、コストの低減、顧客の確保、時機をのがさない、顧客尊重」に向かうことを鼓舞するための報酬制度を導入すること。

出所：Rubenstein & Kochan〔2001〕p.20 より作成

J・D・パワーが実施する品質に関する顧客満足度調査では、トヨタとホンダの高級ブランドであるレクサスとインフィニティを除き、一九九二年から一九九四年にかけてサターンがトップに立つなど品質面で成果が表れた。しかし、レイオフをしない方針のため、需要減に対して雇用調整ができずに生産性が低下するという問題や、[67]一日当たりの生産台数を維持するために生産性向上ではなく残業などの長時間労働に頼るという問題を抱えていた。[68]サターンの利益率低下につながる生産台数の低下を防ぐため、労働時間延長に労働組合が自発的に取り組んでいたのである。

労使共同による経営が、使用者側、労働組合側ともに戦略レベルとの連携を欠き、GMグループとの統一性を損なっているということも問題となった。

サターンの操業開始以来、GMは労使共同経営を恒久的に行なうかどうかについてはっきりしておらず、五年間のモデルチェンジサイクルが過ぎても新しいモデルをサターンに生産させるかどうかの判断をしていなかった。そのため、モデルが古くなったことによる需要の落ち込みが深刻になっていた。さらに、小型車のみの製品ラインナップでは利益率が低いため、新たな小型車とともに小型のSUVモデルの生産をする新工場の建設をGMに望んだ。[69]しかし、GMは一九九二年から財務状態が深刻な危機を迎え、新規投資による工場建設を行なう余裕がないと回答した。そのため、GM使用者側を含むサターン経営陣は増資を行なわないGMを見限って一九九四年にGEキャピタルからの投資を求めた。しかし、この行動はGM経営陣により否決された。これは、サターンが、戦略レベル、団体交渉レベルによって設定された方向性を逸脱するほど労使共同経営が進んでいたことを証明する事件である。この点に関し、操業当初から一九九九年までサターンでGM側から送られて役員を務めていたジョン・レスラーによれば、あらゆることを労使で共同決定し、マネージャー層にもUAW出身者が多数、昇進していたという。GMが持つ増資と新工場設置に関する権限を無視して資金調達を行なおうとしたことに関し、「重い鎖をつけられて向こう岸まで泳ぐ水泳競技に出場するようなもので、溺れるのは目に見えていたので鎖を断ち切るより手はなかった」[70]と述懐する。

企業としての統一性を損ねる問題は、GM経営側との間だけでなくUAW中央執行委員会との関係でも生じた。一九九二年にUAW中央執行委員会はGMのローズタウン工場で行なうストライキに関し、GM-UAW部門全体で呼応してストライキを実施するようにローカル・ユニオンに指示した。これに対し、サターンのローカル・ユニオン支部長は生産台数が低下することを懸念し、歩調を揃えずストライキに参加しなかった。[71]

サターンの労働組合は産業別労働組合のローカル支部にすぎないが、「九九年委員会」の決定に基づき、全国労働協約とはまったく別個にローカル労働協約を結ぶことができるなど、独立した権限が与えられていた。これにより、財務情報を含めた労使の情報共有や経営上の問題に関する労使共同決定権をローカル労働協約におり込むことが可能となっていた。これらは全国労働協約では労使合意事項となっていない。このローカル労働協約は、ワークルールの運用に規制をかけるものとは異なり、労使共同でワークルールを設定して運用を行なうものへと変質していた。サターン経営陣は労働組合員からの昇進者が多数を占めるようになり、労使一体的な経営がますます行なわれるようになった結

図表 1-22　サターンの試みに対する労使の反応

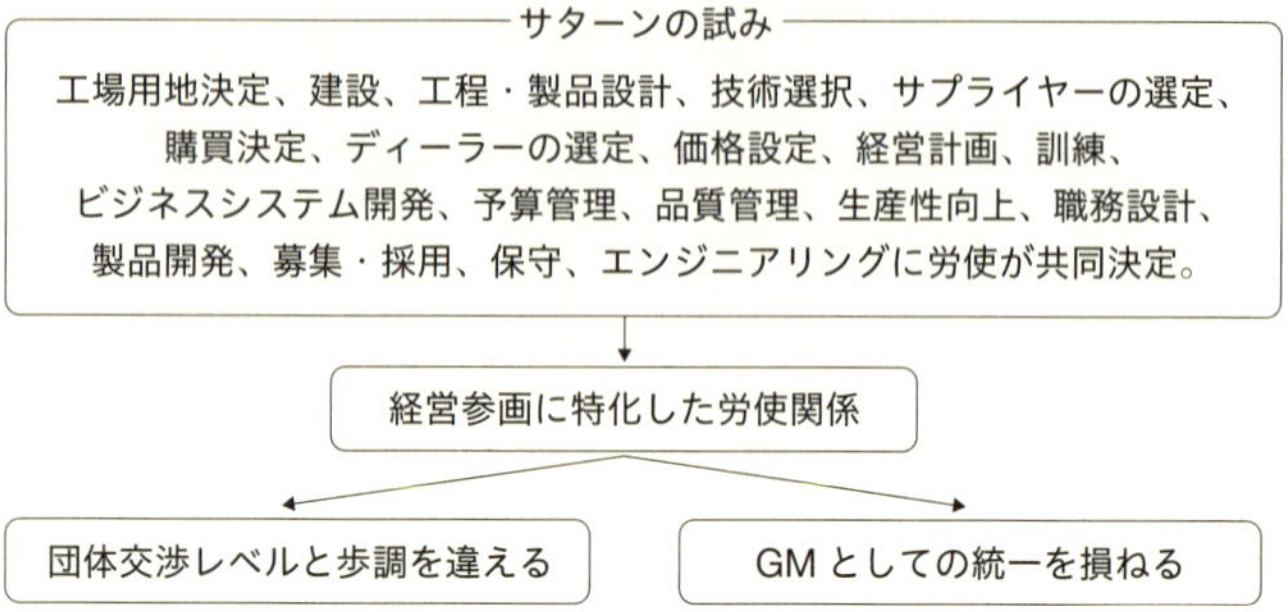
サターンの試み
工場用地決定、建設、工程・製品設計、技術選択、サプライヤーの選定、購買決定、ディーラーの選定、価格設定、経営計画、訓練、ビジネスシステム開発、予算管理、品質管理、生産性向上、職務設計、製品開発、募集・採用、保守、エンジニアリングに労使が共同決定。
経営参画に特化した労使関係
団体交渉レベルと歩調を違える
GMとしての統一を損ねる

出所：著者作成

果、戦略レベルに委ねられるはずの増資や新規投資、ストライキ実施などの決定権にまで独立性を主張してきたのである。

このため、全国労働協約から独立した権限を有するローカル労働協約の仕組みを廃し、全国労働協約の中に取り込むことで、サターンの改革速度を緩める試みが一九九四年からとられるようになっていた。戦略レベルが主導して職場レベルの権限を縮小するという方針は、ローカル組合員によって否決されてきたが、ついに二〇〇四年から個別のローカル協約を廃し全国労働協約が適用されることとなった。新しい協約では雇用保障条項と引き換えに新型車生産の割り当てと増資が約束されることとなった[72]（**図表1-22**）。この点に関し、UAW副会長リチャード・シューメーカー（GM担当）は、「GM本体の世界的な統合性の中で、サターンが浮いた存在となってしまった」と指摘している[73]。

5 労働組合による経営コミットメントの効果と限界

生産現場で従業員間の連携を高めることで品質と生産性の向上を目指すとした労使の取り組みは、はたして成果が出たのだろうか。この問いに関する正確な因果関係を求めることは難しい。しかし、結果だけをみれば、生産性と品質は大幅に向上しているのである。生産性に関してはハーバー&アソシエイツ社の発行するハーバー・レポート、品質に関してはJ・D・パワー社の調査報告が信頼性のあるものとして使われる。これらの報告から、どの程度、生産性と品質が向上したのかをみてみよう。

労働生産性(74)**（ハーバーレポート）の向上**　ハーバー・レポートはミシガン州トロイ市に位置する調査会社ハーバー&アソシエイツにより一九八九年から発行されている。ハーバー・レポートで示される労働生産性は、管理職を含めた全ての従業員の労働時間数を、組み立てられた自動車の総数で除することによって求められ、一台組み立てるのに要した時間数で示される。

二〇〇二年のハーバー・レポートでは、三菱自動車アメリカ（MMNA）が一台あたり二一・三三時間と最も優れた生産性を示した。MMNAは生産性の高さだけでなく、一つの製造ラインに六車種を流すフレキシビリティの高さでも評価された。

同時期の主要メーカーの生産性は、MMNA（二一・三三時間）、トヨタ（二一・八三時間）、GM（二四・四四時間）、フォード（二四・一四時間）、ダイムラー・クライスラー（二八・〇四時間）の順となった。[75] この結果によれば、日米の自動車メーカー間には依然として差があるようにみえる。しかし、一九九五年の結果と比較すれば、米国自動車メーカーの生産性が大きく改善してきており、北米で生産する日本自動車メーカーとの差が縮まってきていることがわかる。

一九九五年の労働生産性は、日産自動車（二七・三六時間）、トヨタ（二九・四四時間）、ホンダ（三〇・九六時間）、フォード（三七・九二時間）、クライスラー（四三・〇四時間）、GM（四六・〇〇時間）の順となっている。一九九五年と二〇〇二年を比較すると、日本自動車メーカーも米国自動車メーカーもともに生産性を向上させているだけでなく、その差が縮まってきている（**図表1-23**）。

二〇〇三年の工場、車種別の労働生産性の比較では、上位一〇工場のうち、GMが四、フォードが二と米国自動車メーカーが六つを占める（**図表1-24**）など、生産性で上位につける米国自動車メーカーの工場と北米で生産する日本自動車メーカーの工場の生産性には大きな格差がみられなくなっている。

二〇〇三年の組立、プレス加工、エンジン及びトランスミッション製造と含んだ全般的な労働時間数でも日米の差は縮まっている（**図表1-25**）。

品質の向上　日米自動車メーカーの労働生産性に関する差が縮まっているのと同様、品質も米国自動車メーカーに大きな改善が見られた。J・D・パワー・アジア・パシフィック社が発表する二〇〇四年米国自動車耐久品質調査[76]によれば、メーカー別では、トヨタ、ホンダ、GM、日産、

図表 1-23　主要自動車メーカーの労働生産性

	2003	2002	2001	1995
Nissan	17.3	16.83	17.92	27.36
MMNA	–	21.33	21.82	–
Toyota	20.69	21.83	22.53	29.44
Honda	20.65	22.27	19.78	30.96
GM	23.6	24.44	26.1	46
NUMMI	–	28.44	22.68	–
Chrysler	25.4	28.04	22.68	43.04
Ford	26	26.14	26.87	37.92

出所：Ron, Harbour［1995,2001,2002,2003］

図表 1-24　2002 年工場、車種別労働時間上位 10

	工場	車種	労働時間
Nissan	Smyrna, Tenn.	Altima	15.74
GM	Osawa, Ontario	Impala, Monte Carlo	16.44
GM	Osawa, Ontario	Century, Regal	17.08
FORD	Chicago	Sable, Taurus	17.71
FORD	Atlanta	Sable, Taurus	17.78
Nissan	Smyrna, Tenn.	Frontier	18.23
Nissan	Smyrna, Tenn.	Xetenra	18.35
GM	Lansing	Grand Am, Malibu	18.59
GM	Lansing	Alero, Grand Am	18.64
Toyota	Georgetown, Ky.	Aalon, Camry	20.06

出所：Ron, Harbour［2002］

図表 1-25　2003 年全般的労働時間数

	労働時間	前年からの改善率
Nissan	28.09	4.40%
Toyota	33.01	3.90%
Honda	32.09	7.10%
GM	35.2	5.20%
DaimlerChrysler	37.42	7.80%
Ford	38.6	3.40%

出所：Ron, Harbour［2003］

図表1-26　メーカー別100台あたりの不具合指摘件数（2004年）

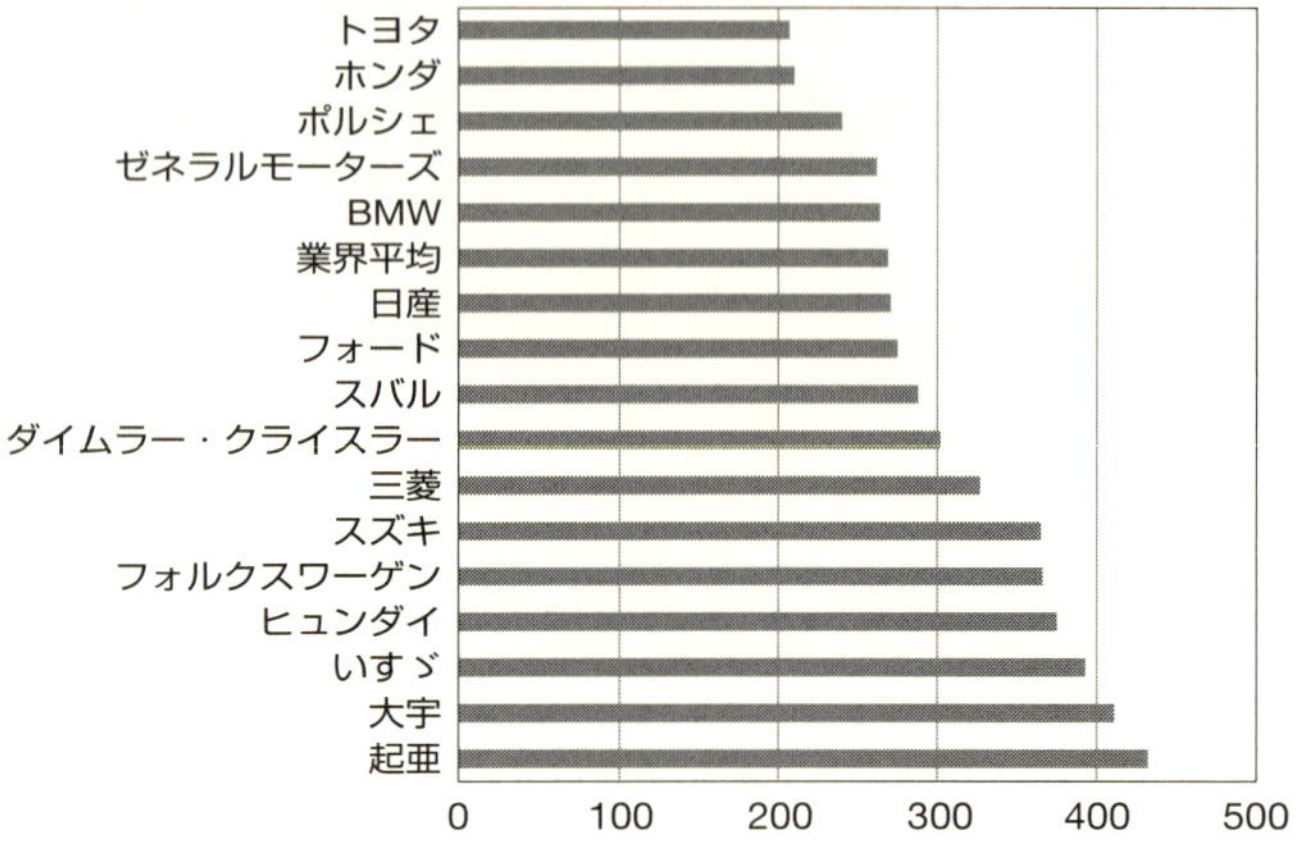

出所：J.D.パワー・アンド・アソシエイツ2004年米国自動車耐久性調査SM

フォード、スバル、ダイムラー・クライスラー、三菱の順となった（**図表1-26**）。耐久品質調査は、新車購入後三年を経過した乗用車、ライト・トラックにつき、騒音、振動、ハーシュネス（路面の継ぎ目や段差を乗り越えるときの騒音・振動）」「操縦性」「信頼性」「安全性」などのカテゴリーに分類された不具合の件数を調べる。

　耐久品質調査は不具合件数の業界平均を公表しているが、GMとフォードは業界平均と同等の水準となったほか、日本自動車メーカーと比べても遜色がなくなっている。米国自動車メーカーには、同じメーカーの中に複数のブランドがあるが、そのブランド別でもみてみよう。ブランド別では一五のブランドが業界平均以上の好成績となった。そのうち、GM系が八ブランド（ビュイック、キャデラック、マーキュリー、シボレー、GMC、サーブ、サターン）、フォード系が一ブラン

図表 1-27　ブランド別 100 台あたりの不具合指摘件数（2004 年）

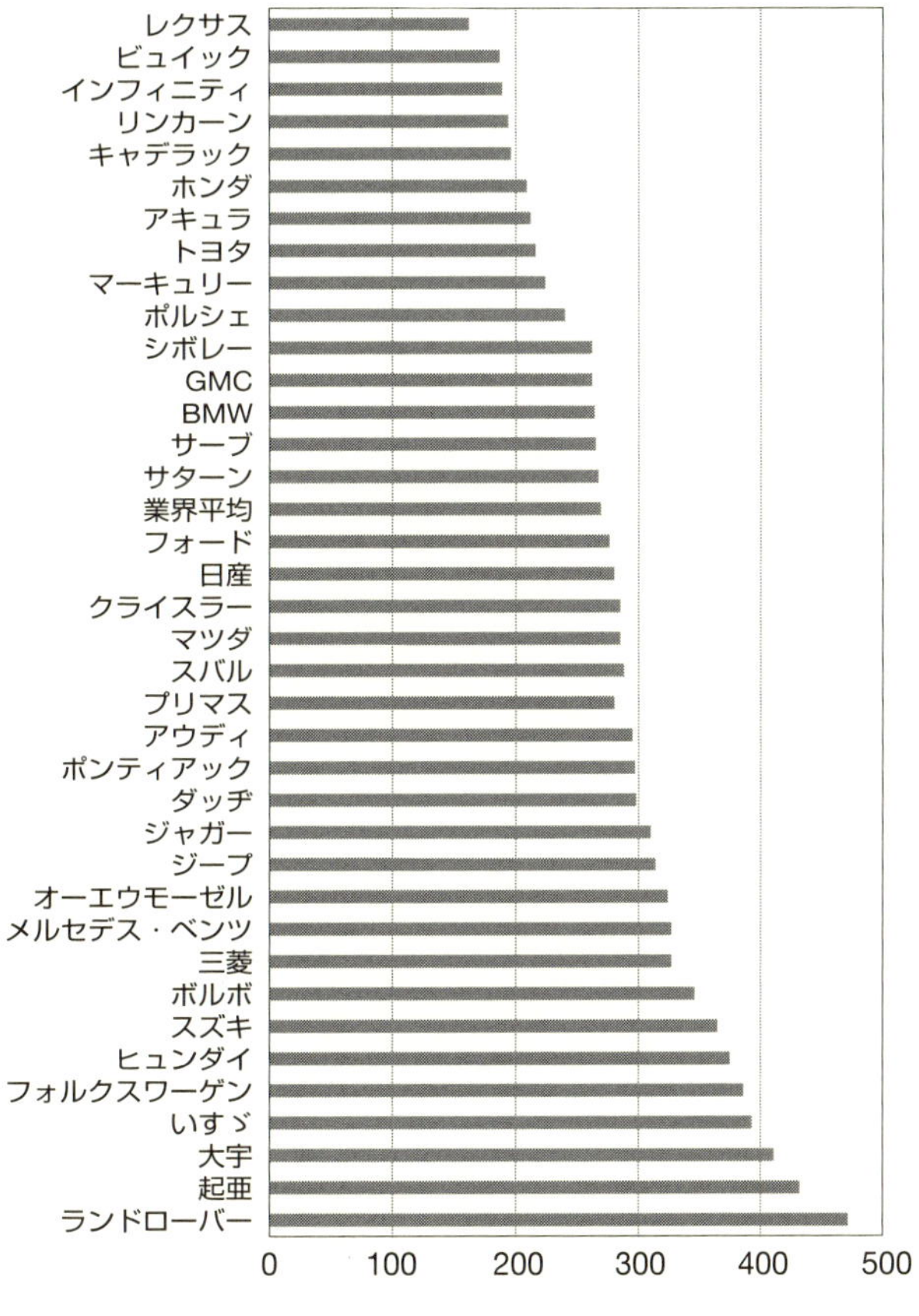

出所：J.D. パワー・アンド・アソシエイツ 2004 年米国自動車耐久性調査 SM

ド(リンカーン)となり、一五ブランドのうち半数を超える九ブランドが米国自動車メーカーによって占められた(**図表1-27**)。

耐久品質調査は三年間の不具合件数を調べたものだが、それよりも短い期間の品質を調査したものが初期品質調査結果である。これは、新車購入者を対象に、購入後九〇日の一台当たりの不具合件数を調査したものである。

この初期品質の業界平均も改善を続けている。一九九〇年の業界平均は、一〇〇台あたり一四二であった。この数値は、二〇〇四年に一一九になっている。つまり、不具合件数が業界全体で大きく減少しているのである。一九九〇年では、GM系ビュイックが一一三、フォード系リンカーンが一四〇と二つの米国自動車メーカーのブランドが業界平均を上回っていた。二〇〇四年では米国自動車メーカーで業界平均を上回るブランドはないものの、GMが一二〇、ダイムラー・クライスラーが一二三、フォードが一二七と業界平均の一一九に接近し、三社とも一九九〇年の業界平均を大幅に上回る改善を見せた(**図表1-28**)。

生産性、品質の向上は、労働組合の経営コミットメントによる成果とされるかもしれない。しかしながら、その生産性と品質の向上が企業競争力向上に結び付いているとは言い難い。

この点に関し、消費者がどうして米国車を選択しないのかについてJ・D・パワーが行なった二〇〇六年の調査が参考になる。この調査では、調査対象者の七〇%が品質の悪さのため、五七%が企業の財務状況が悪いためという理由をあげた。品質と生産性は、調査対象者が問題にあげるほどの

図表 1-28　J.D. パワーの初期品質調査結果

2004年			1990年		
順位	メーカー・ブランド	100台当たりの不具合指摘数	順位	メーカー・ブランド	100台当たりの不具合指摘数
1	トヨタ	101	1	レクサス	82
2	ホンダ	102	2	ベンツ	84
2	ヒュンダイ	102	2	トヨタ	89
4	BMW	116	4	インフィニティ	99
業界平均		119	5	ビュイック	113
5	GM	120	6	ホンダ	114
6	ダイムラー・クライスラー	123	6	ニッサン	123
6	スバル	123	8	アキュラ	129
8	フォード	127	9	BMW	139
9	三菱	130	10	マツダ	139
10	フォルクスワーゲン	141	11	リンカーン	140
11	日産	147	業界平均		142

出所：J.D. パワー・アンド・アソシエイツ 2004 年米国自動車耐久性調査 SM

遅れがあるわけではない。しかし、いったん定着した悪いイメージを払拭することは困難である。また、たとえ向上した品質のイメージが消費者に定着したとしても、消費者の選択には品質以外の要素が影響している。とくに、財務状況の悪さを理由に米国車が選ばれないということであれば[77]、労働組合が行なう経営協力の範疇を越えていることになる。

また、生産性、品質の向上が生産現場における新しい働き方の導入によるものであるのか、研究開発や生産管理部門、生産工程の見直しといったＵＡＷの経営コミットメントの範囲を越えた部分によるものなのかの切り分けは難しい。さらには、顧客の嗜好性や米国自動車メーカーに対して抱いている悪いイメージなどが市場シェアに反映されるため、生産性と品質の向上が企業競争力に直結していないという状況がある。むしろ、生産性と品質の向上がみられるにもかかわらず、二〇〇五年以降の米国自動車メーカーの経営状況は悪化の道をたどっている。二〇〇三年と二〇〇七年の全国労働協約、および二〇〇六年の早期退職プログラムの実施において、ＵＡＷは経営側へさまざまなかたちで協力を行なっており、生産性と品質の向上というかたちで成果が出ているものの、企業競争力向上に結び付いていないという悪循環になっている。

注

（1）藤本［二〇〇三］七一頁。
（2）前掲書、七三頁。
（3）前掲書、七三頁。
（4）門田［一九九一］はトヨタ自動車の調査から、競争力の源泉が精緻な生産管理手法にあることを明らかにするとともに、米国で数多くの講演活動を行なっていた。
（5）藤本［一九九七］。
（6）Womack, et al.［1990］.
（7）Ibid., p. 13.
（8）藤本［二〇〇三］p. 290.
（9）Womack, et al［1990］pp. 75-222.

(10) 藤本〔二〇〇三〕一二三―一二四頁。
(11) 安保〔一九九二〕一一頁、「特殊かつ非合理的な要因をできるだけ排除し、普遍的な要素のみを取り出す方法に専念することで、日本以外の地域への移転が可能」。石田〔一九九〇〕五七頁、「集団的行動などの行動性の移転が困難」。
(12) 安保ほか〔一九九一〕。
(13) 板垣〔一九九二〕一〇三―一一〇頁。
(14) 日本経営者団体連盟国際部〔一九九二〕六三頁。
(15) 河村〔一九九二〕二七―六二頁。
(16) MacDuffie & Pil〔1999〕p. 50.
(17) 上山〔一九九二〕七七―七八頁。
(18) J・S・ブラックほか〔二〇〇一〕三一―三六頁。
(19) 前掲書、三二頁。
(20) 同前、三二頁。
(21) 同前、三五頁。
(22) Adler〔1999〕p. 95.
(23) Adler〔2003〕pp. 95-104.
(24) Kenny & Florida〔1993〕p. 97.
(25) 日本労働研究機構国際部〔一九九五〕：全国労働関係法（NLRA）の改正は、元労働長官ダンロップを中心に労働組合側代表、経営者側代表、専門家からなる委員会で検討された（通称ダンロップ委員会）。この委員会の報告書は、労組側代表、アメリカ労働総同盟産業別組合会議（AFLCIO）の意見を取り入れ、新しい働き方の導入には労働組合の存在が重要であると位置づけた。
(26) 栗木安延〔一九九七〕はフォード社史を研究し、フォード社と探偵ピン・カートン社やFBI、地元警察と繋がって、労働組合運動家を暴力で襲ったり、労働組合に協力する労働者を銃撃したこと、また労働者を人種的、宗教的に分断させるなどの方法を採用して労働組合運動を抑圧したことを明らかにしている。ミシガン州ディアボーンのフォード工場では記録映画を一般見学者に公開しているが、その映画ではフォードの私警察が要求を掲げて行進する労働者の列に銃撃する映像を見ることができる。

(27) 一九三五年に制定されたNLRAは、第二次世界大戦後に多発したストライキや労働運動を通じた共産主義進展への警戒から行なわれた一九四七年の修正(タフト・ハートレー法)により、適用対象となる労働者の範囲を狭めた。労働者性については、NLRBにおいて、大統領から任命される5人の委員が裁定を行なう。その結果について労使いずれかが不服であれば、六〇日以内に司法の手に委ねることができる。裁判所は労働者の範囲を狭める方向の判断を近年行なっており、適用除外とされる「請負人」「監督者」「経営的労働者」の範囲が年々増加傾向にある。

(28) UAW Region 8 Web Site: http://www.uawregion8.net/, 二〇〇九年九月一日閲覧。

(29) UAW Web Site: http://www.uaw.org/about/localunions.html, 二〇〇九年九月一日閲覧。

(30) Kochan., et al〔1986〕pp. 15-20.

(31) 下川〔一九九七〕二六—三〇頁、Adler〔1997〕p. 115.

(32) 荻野〔一九九七〕六七頁。

(33) MacDuffie & Pil〔1997〕p. 26.

(34) MacDuffie & Pil〔1997〕p. 27.

(35) Weekley & Wilber〔1996〕pp. 330-331.

(36) Ibid., p. 70.

(37) Ibid., p. 74.

(38) Ibid., p. 77.

(39) Ibid., p. 81.

(40) Ibid., pp. 81-93.

(41) Weekley & Wilber〔1996〕pp. 38-47.

（42）前フォード COO Ann Stevens へのインタビュー「ホワイトカラー組織は官僚的すぎる。……ことを運ぶのに時間がかかりすぎる。……同一のポジションが二重階層になっている」（出所：Webster, Sarah A, H. "Ford must streamline 'too bureaucratic' structure, departing exec says". Detroit Free Press 1 Oct. 2007.）。

（43）Losey., et al〔2005〕, Bill Leonard〔2002〕.

（44）MacDuffie〔1996〕pp. 93-95.

（45）Katz & Darbishir〔2000〕pp. 22-23.

（46）Ibid., p. 27.

（47）Ibid., pp. 23-27.

（48）橋場〔二〇〇九〕は労働組合や従業員側代表を意思決定の参加者としてみているが、岩出〔二〇〇二〕は人的資源管理が集団的労使関係を看過しているとしているほか、ビアーら〔一九九〇〕は企業戦略のあり方によって重視すべきステークホルダーは変更すると主張しているように、仮に労働組合がステークホルダーになりえるとしても、企業経営に対する影響力の程度は企業戦略の在り方に左右される。また、Kaufman〔2003〕は人的資源管理における問題解決手法が労使関係におけるものとまったく異なるものであることを主張する。したがって、橋場〔二〇〇九〕による整理は、Katz and Dirbishire〔2000〕による日本企業を起源とする雇用関係パターン（Japanese-oriented Employment Relations Pattern）に近いと思われる。

（49）Parker&Slaughter〔1995〕pp. 31-38, p. 49, pp. 51-52, pp. 207-385.

（50）篠原〔二〇〇三〕。

（51）Babson〔1998〕pp. 45-47

（52）Weekley & Wilber〔1996〕., Rubenstein. & Kochan〔2001〕.

（53）インタビュー対応者は、工場側代表、ローカル7委員長・財務担当役員。

（54）勤続三〇年以上の労働組合員は満額の退職年金と退職一時金を得ることができるとする労働協約に基づく運動。

（55）Adler, et al〔1997〕pp. 74-78.

(56) 「Team Based Manufacturing Core Training」(Daimler Chrysler 内部資料〔2005〕)。

(57) ＵＡＷ－ＧＭ Center for Human Resources 内部資料 “GrowingtheGreen:” Increasing jointly developed & implemented activities「Partnering for Quality」〔2003〕.

(58) ＵＡＷ－ＧＭ ＣＨＲ作成テキスト「Providing Candid Costructive Performance Feedback-Leader Guide」「Navigating Change: Charting Your Course」「Qualitiy Network VPAC Awareness Training May 2005」。

(59) グランドリバー工場は二〇〇六年一月と二月、ランシング工場は二〇〇四年一〇月と二〇〇五年一月にそれぞれヒアリングを実施した。ヒアリング対象者はグランドリバー工場がローカル６５２委員長、ランシング工場が品質評議会組合側代表(Mark Stroll 氏)。

(60) 篠原〔二〇〇三〕。

(61) ローカル６５２委員長、役員に対して二〇〇六年一月に行なったインタビュー。

(62) 新車を購入もしくはリース契約した消費者を対象に、購入後九〇日間において発生した不具合件数を集計したもの。

(63) Rubenstein & Kochan〔2001〕p. 20.

(64) Ibid., p. 21.

(65) Ibid., p. 22.

(66) Adler, et al〔1997〕p. 94.

(67) Rubenstein & Kochan〔2001〕p. 42.

(68) Ibid., p. 64.

(69) sport utility vehicle の略。

(70) John Resslar 氏に対する二〇〇五年四月および二〇〇六年一月に行なったインタビューによる。一九九九年にＧＭに復帰して環境担当の副社長を務めたのち退職。インタビュー時点の肩書は、Technology Program Director〔Automobile Design Department〕at Central Michigan University。

（71）Rubenstein & Kochan〔2001〕p. 95.

（72）Saturn contract ends ers, Detroit News, June27, 2004.

（73）二〇〇五年一月に行なったＵＡＷ副会長兼ＧＭ部門統括責任者 Richard Shoemaker 氏へのインタビュー。

（74）荻野登〔一九九七〕。2003 REPORT: Big 3 post Harbour gains; Smyrna is top plant, Automotive News, June 18, 2003, Big 3 build cars in less time, Detroit News, June18, 2003, Chrysler shows significant improvenent in productivity report, Detroit News, June 18, 2003, Japanese still lead auto productivity, Detroit News, June 19, 2003, Automakers more productive, Detroit News, June 19, 2003.
http://www.harbourinc.com（二〇〇九年九月一日閲覧）
http://www.twincities.com（二〇〇九年九月一日閲覧）

（75）日産自動車の一六・八三時間、ホンダの二一・二七時間は全米工場の平均を反映していないため参考数字。

（76）二〇〇四年七月に公開された調査では二〇〇一年型車を新車から乗っているユーザー四万八〇〇〇人以上から回答を得た。

（77）J. D. Power and Associates〔2006〕.

Our Labor Built
This Company
Support Your Reti
ERICAN'S
EED
LTH CARE
ED NATIONAL HEALTH

[EPA＝時事]

第2章

揺らぐ社会保障基盤

—安定したミドルクラスはどこへ

前章でみたように労働組合は、品質と生産性向上を目的として経営側と協力する組織へと変貌を遂げてきた。しかし、このことは同時に労働組合が担ってきた社会保障における役割の後退につながっている。

個別企業の競争力向上にとって、労働組合の存在が阻害要因であるという一般的な理解のうち、新しい働き方の導入については課題が解決されつつある。しかし、人件費、医療保険、年金といった労務コストに関して、労働組合があるために高い負担を強いられているという考えも広く信じられている。

この点について、アメリカにおける社会保障制度を理解する必要がある。一九三〇年代のニューディール政策期に公的年金制度が導入され、一九六〇年代のジョンソン大統領時代には六五歳以上の高齢者向けの医療保険制度メディケア、低所得者向けの医療保険制度メディケイドが創設されている。(1) 公的年金制度については、日本と同様の確定給付型をとっている。近年は財源不足が問題となり、確定拠出型への変更が議論されるようになってきた。給付額は最低限にとどまっているため、個人貯蓄や企業年金がなければ退職後の生活は苦しい。一方の医療保険制度は弱者救済の要素が強く、著しい低賃金でなければ給与所得者はカバーされない。一般的な給与所得者は企業が提供する医療保険か、個人で加入する民間医療保険が頼りである。つまり、年金や医療保険などの社会保障は、企業もしくは個人が負担することが前提となっているシステムである。

日本のように公的な健康保険制度がある場合でも、保険料を納付しなければサービスを受けることができない。その点では、実のところ日米に大きな差はないようにみえる。むしろ、米国では高齢者向けと低所得者向けは財源に税金が投入され、弱者であれば最低限のサービスを受けることができるため、日本より手厚いような感じさえする。しかし、この場合の「最低限」には少し説明が必要である。米国の場合、どの病院でも同じような医療サービスを受けられるわけではない。最新設備、最新医療を受けられるのは多くの場合、民間病院にかぎられる。ところが、メディケアやメディケイドではこのような病院を利用することができない。医療費が高く、これらの制度では負担できないからである。また、利用できる条件もかぎられているため、病状がかなり重くなるまで病院に来ることができない。さらに、メディケアやメディケイドは医療費についてはカバーするものの、二〇〇四年に法律改正が行なわれるまで薬代についてはカバーされていなかった。くわえて、メディケアやメディケイドで利用できる公立病院が行政財政の悪化により減少しているため、表面的な制度だけでなく運用面でも大いに問題をかかえている。

利用できる病院に制限があるということでは、個人が加入する民間医療保険も同様である。掛金が高い保険でなければ、高度な医療サービスを提供する私立病院を利用することができない。その理由は医療費の高騰という問題や、高度な医療サービスを提供する私立病院の医療費が高額であるということに影響されている。たとえば出産にかかる経費の場合、未熟児用の保育器の利用料が一日あたりおよそ一万ドルであったり、検査でCTスキャンを一回利用するだけで一万ドルかかるということも珍しくない。反対に、公立病院であれば、保育器やCTスキャンの設備自体がない、ということもありえる。また民間医療保険は通常では出産にかかる費用をカバーしていないため、あらかじめその部分を付加して契約する必要がある。しかし、それも出産の翌日に退院することが条件になっている。

このように、かなり不十分に感じられる年金、医療保険などの社会保障制度であるが、この制度をある程度安定させてきたのは、企業負担によるところが大きい。ニューディール政策やジョンソン政権で行なわれた社会保障制度改革も企業が担う私的扶助に期待したものである。企業年金制度は公的年金の上乗せとして、退職後の生活基盤を安定させる。また、給与所得者や退職者には企業負担による医療保険制度が提供される。経営基盤が安定した企業であれば、私立病院が付属していることもあるため、従業員と退職者は安心して高度な医療サービスを受けることができる。また、メディケアやメディケイドがカバーしていなかった薬代も企業負担による医療保険がカバーしてきた。

ところで、このように企業による負担が社会保障制度の根幹となったきっかけには労働組合による運動がある。その運動を政府が利用するかたちで制度が形作られてきた。政府が労働組合運動に期待するのは、労働分配率の上昇、雇用安定といったミドルクラスの育成と安定である。

1 社会保障基盤を作り上げてきた労働組合

UAWはフォードに労働組合を承認させたのち、一九四八年には医療、障害、死亡、切断など労働災害に関する保険に団体加入できる権利を獲得した。ここを足がかりとして、一九五〇年に医療保険掛金の使用者負担がGMとフォードで導入された。同じ年には、フォードで企業年金制度の導入をUAWが獲得した。ついで、一九五三年には、退職者も医療保険を利用できるようになった。一九六一年になると、現役の従業員について使用者が医療保険掛金の全額を負担することが確認された。同時に、退職者については、使用者の半額負担を承認させた。一九六四年には、退職者向けの医療保険掛金の全額が使用者負担となった。

このようにUAWが獲得してきた社会保障における成果は、政府の政策と連結するようになった。公的年金の支給開始年齢は六五歳であるが、三〇年勤続した労働組合員が六〇歳に達していれば、六五歳までのつなぎとして企業年金の支給が開始される制度が一九六四年に始まった。公的年金の支給年齢に達した後は、企業年金支給額が公的年金支給額相当分だけ減額される。したがって、公的年金は企業年金の補助的部分として活用されているともいえる。この制度は、一九七四年に成立した労働者退職者所得保障法(ERISA:Employee Retirement Income Security Act)により、退職者に対する企業年金の支給額を公的に保証したことで、完全に政策の中に組み込まれるようになった。

医療保険が公的制度とリンクしたのは、一九六五年に高齢者向け国民公共医療保険法案にジョンソン大統領が署名してからである。この法案が成立したことで、退職者向けの医療保険がメディケアとリンクするようになったのである。メディケアが適用される六五歳以上になると、企業側負担が減額される。なお、現役従業員は全額企業負担の医療保険に加えて、個人負担額を上乗せすれば付加的な医療保険が適用される。これにより、通常よりもさらに高度な医療サービスが利用できたり、医療機関を選択することができる。個人負担額の上乗せは退職者も利用することができるものの、年金生活者として収入が減少するため、一般には利用されていない。つまり、企業負担による医療保険であっても、本来であれば高度な医療サービスが必要になるはずの高齢者が利用しにくいシステムとなっている。

UAWは米国における医療保険、退職者向け年金などの社会保障制度の構築において牽引車となってきた（**図表2-1**）。その一方で、税金や公的資金を投入した国民皆保険との関係は微妙なものとなっている。というのも、すでにUAWは企業負担による現役従業員と退職者向けの医療保険制度を確立している。この制度のもとでは企業付属の病院や高度な医療サービスを提供する私立病院も利用することができる。一方、国民皆保険制度が導入されれば、企業負担の医療保険の恩恵に預かってこなかった労働者が享受できる医療水準は上昇する可能性がある。しかし、企業負担割合が減少すれば、UAW組合員の受けられるサービスの水準は低下するだけでなく、個人負担も相応に増額する可能性があるからである。

図表 2-1　UAW 年金・医療保障獲得の歴史

1937 年	GM、クライスラーが UAW を承認。
1941 年	フォードが UAW を承認。
1948 年	医療、障害、死亡、切断等の団体保険が利用できるようフォードに承認させる。
1950 年	入院、および医療プログラムの保険金の使用者負担を製造業で始めて GM に承認させる。 Blue Cross/ Blue Shield 健康保険金の半分をフォードが負担する。 企業年金制度創設（フォード）
1953 年	Blue Cross/ Blue Shield プログラムを退職者も利用できるようにした。
1961 年	従業員の医療保険金額の全額、退職者の保険金額の半額を負担することを従業員の医療保険金額の全額、退職者の保険金額の半額を負担することを GM、クライスラーが承認する。
1964 年	退職者に対する医療保険の全額負担を GM、クライスラー、フォードが承認。 公的年金給付開始前でも公的年金給付開始前でも 30 年勤続して 60 歳以上であれば企業年金が支給される。
1965 年	高齢者向けの国民公共医療保険法案にジョンソン大統領が署名。これにより、UAW 組合員の退職者の保険がメディケアとリンクする。高齢者向けの国民公共医療保険法案にジョンソン大統領が署名。これにより、UAW 組合員の退職者の保険がメディケアとリンクする。65 歳以上の高齢者は基礎保険としてメディケア、付加保険として企業負担の保険が使われるようになる。
1967 年	医療保険が給付対象となる。死亡した組合員の配偶者も保険支給対象となる。
1973 年	歯科治療が保険対象となる。
1976 年	視覚、聴覚補助プログラムが保険対象となる。
1979 年	退職者と死亡した組合員の配偶者に企業全額負担の視覚プログラムが拡大される。
1987 年	ホスピスケアと一般医薬品が付加される。
1999 年	歯科治療プログラムが指定医療組織利用のプログラムとなる。

出所：筆者作成

企業負担に基づく医療保険制度を確立したＵＡＷにとって、国民皆保険制度の導入は、必ずしも有益な結果とはならない。しかし、そのような理由だけでなく医療保険水準が低下する危機にさらされるようになってきた。以下では、ＵＡＷと経営側が結んだ全国労働協約を通じて、企業負担による社会保障制度がどのように取り扱われてきたかをみていくことにしよう。

失われる社会保障基盤

全国労働協約は、三年もしくは四年おきに結び直される。ＵＡＷと米国自動車メーカーの間には二〇〇三年と二〇〇七年に全国労働協約が結ばれている。全国労働協約は、協約締結時の一時金、協約期間中の年間賃上げ率を定めるとともに、退職者も含めた医療保険と年金の水準などの労働条件が決定される。通常は条件の向上が協議されるが、個別企業の経営状況に対応して、工場閉鎖や労働条件の低下についても取り上げられることがある。とりわけ、二〇〇三年と二〇〇七年の全国労働協約の交渉に関し、退職者向けの医療保険と年金負担が注目を浴びた。

日本自動車メーカーとの競争の観点では、米国自動車メーカーの操業期間の長さからくる不利がクローズアップされる。操業期間が長ければ長いほど、米国の社会保障制度の中で、支えなければならない退職者が多くなるからである。それは、米国自動車メーカーでもっとも多くの従業員を雇用してきたＧＭに顕著となった。ＧＭは、二〇〇三年時点で、現役従業員一人が退職者二・五人を支える構図となった。この状況は、フォードもクライスラーもほぼ同様である。医療保険と年金の事業主負

図表2-2　年金・医療保険負担額の推移

年金負担額の推移			
GM	384億ドル(99年)	→	514億ドル(02年)
フォード	145億ドル(99年)	→	274億ドル(02年)
ダイムラー・クライスラー	77億ドル(99年)	→	137億ドル(02年)
医療保険負担額の推移			
GM	31億ドル(97年)	→	45億ドル(02年)
フォード	20億ドル(97年)	→	25億ドル(02年)
ダイムラー・クライスラー	12億ドル(97年)	→	15億ドル(02年)

出所：Big Tab for Big 3, *Detroit News*, 2003, Sept. より作成

担額は、GMで時価総額（Market Cap）の二倍強、フォードで時価総額を少し超えるくらい、ダイムラー・クライスラーでも時価総額の半分程度となった。(2) UAWゲッテルフィンガー会長は、「われわれは保険料掛け金も、保険料掛け金の折半も、保険適用下限額も取り上げない。("We're not going to pick up premium, we're not going to pick up co-pays, we're not going to pick up deductibles.")」との声明を発表したものの、経営側に一定の譲歩をみせることになる。その理由は、医療保険と年金の事業主負担額が財務状況の悪化を招き、株価売上高率(3)低下の原因となったからである。(4)

二〇〇三年の全国労働協約では、経営側は従業員および退職者に医療保険掛金の一定の自己負担を求めた。それに対して、UAWは全額事業主負担を譲らなかったものの、薬価の高騰については妥協案を提示した。薬価は開発元が発売するブランド薬と、その薬の製法をコピーして販売するジェネリック薬で大きく異なる。ブランド薬が高価であるのに対し、ジェネリック薬は安価である。このため、ジェネリック薬の利用を推進する内容が協約におり込まれた。これまでは医者にかかった際の処

方箋薬は薬の販売元を問わず組合員は一律五ドルの自己負担にすぎなかった。しかし、ジェネリック薬は五ドルの自己負担、ブランド薬は一〇ドルの自己負担として、ブランド薬の利用には自己負担額が高くなるように設定したのである。

一方、眼科、歯科、子供および大人向け予防接種への給付が拡大されたほか、年金受給者には協約期間にわたり毎年八〇〇ドルの一時金が支給されることが合意された。将来、退職する従業員の年金支給予定額が年四・二ドル引き上げられたほか、勤続三〇年で退職する従業員の退職者年金は、四年間で二九〇ドルの支給額引き上げを獲得している(5)。

しかし、この状況は二〇〇七年の全国労働協約で一変する。ここでは、退職者向けの医療保険負担に関する抜本的な改革が合意された。その中身は、退職者向けの医療保険基金を運用する組織(VEBA: A Voluntary Employees' Beneficial Association)を企業外に設立することである。VEBAに必要な資金の大半は経営側が出資する。VEBAはこの資金を基礎として、将来必要となる退職者向け医療保険経費の運用を市場に委ねる。これによって、経営側は単年度に引当金として巨額の負債を計上する必要があるものの、一度かぎりの支出のため、後年度負担からは解放される。しかし、将来の運用利率が見込みよりも悪くなる可能性があるため、退職者向けの医療保険水準が低下することも考えられる。また、VEBAに必要な全額を経営側が負担するのではなく、労働組合側にもかなりの負担が求められることとなった。

二〇〇五年の危機

二〇〇五年一一月、連邦会計基準審議会は従業員の退職年金の債務不足額を財務諸表に記載することを義務づけた。これにより、退職者を多く抱える米国自動車メーカーは債務超過に陥った。そのなかでもGMはもっとも負担額が大きく、フォードのおよそ二倍、ダイムラー・クライスラーのおよそ四倍となっていた。負担額の違いは、そのまま従業員規模と退職者の人数に比例している。結果として、GMは二〇〇五年決算で八五億五四〇〇万ドルの赤字を計上した。

フォード、ダイムラー・クライスラーと比較してもっとも深刻な状況にあったGMは、財務状況の改善のため、事業の再編と人件費コストの削減を余儀なくされたのである。そのため、北米九工場を含む一二事業所が閉鎖された。人件費コストの削減は早期退職の実施というドラスティックなものとなった。早期退職プログラムは労働組合員であるかどうかを問わずに実施されている。そのうち、労働組合員は三万人の削減が目標のところ、三万五〇〇〇人が応じた。

そもそも、UAWと米国自動車メーカーは、経営状況の悪化や事業再編時に労働者をレイオフさせる際にジョブバンクという制度を持っていた。ジョブバンクとは、レイオフした時間給労働者を登録して一定額の給与を補償する制度のことである。登録されている間は、訓練が行なわれたり、ボランティア活動に従事したりすることとなっている。しかし、この制度は生産調整等による経費削減には対応できるものの、実質的な人件費コストの削減には結びつかない。また、労働組合員が早期退職に応じるとしても、年金や医療保険を提供したままでは後年度負担が減少しない。そのため、年金と医療保険のどちらも保持しないものなど早期退職プログラムにいくつかのパターンを用意したのである。[6]GMは何回か早期退職プログラムを実施したが、二〇〇六年のものがもっとも手厚い手当となっている。応募者のうち、四六〇〇〇人が退職一時金と引き換えに年金と医療保険のどちらも放棄するパターンに応募した。早期退職プログラムの実施に関して、GMが計上した特別損失は約三八億ドル。経費削減効果は年間約一〇億ドルと試算された。

ジョブバンクに登録されているレイオフ中の労働組合員も早期退職プログラムに応募したため、登録されている労働者がほとんどいなくなり、ジョブバンク制度は実質的に停止した。予想を上回る早期退職プログラムへの応募により、生産労働者が不足する工場も現れたため、テンポラリー[7]の労働者が採用された。テンポラリーとは、月曜、金曜、夜間などに正規の従業員が休暇をとる場合の穴埋めとして雇用される労働者のことである。彼らはUAWの組合員であるが、正規の従業員と比べて賃金や社会保障水準が低い。そのため、一時間の一人当たりの労務コストが社会保障費込みで約八〇ドルから約一九ドルへ大幅に削減されるという効果をもたらした。[8]

二〇〇五年の危機は退職年金の積立不足に端を発したものであるが、医療保険負担額においても危機的な状況となっていた。二〇〇七年でみれば、現役労働者が七万五〇〇〇人に過ぎないのに対し、医療保険の対象となる退職者と退職者の家族は四〇万人を超ていた。医療保険債務は退職者向けだけでも五〇〇億ドルにのぼっていた。この金額は当該年度に必要な額というわけではない。現役従業員が将来退職した場合を含んで、退職率や病気にかかる率、死亡する率などを詳細に計算して計上された後年度負担を含む概数である。しかし、この負債額が大きくなり、財務状況が悪化すれば株価への影響がでる。株価が下がれば、さらに財務状況が悪化するという負のスパイラルになる可能性がある。そのため、財務諸表から債務を分離する退職者向けの医療保険基金の創設が行なわれたのである。

つまり、株主利益を尊重し、潜在的な負債額の公正な情報開示を行なうという二〇〇五年の米国財務会計基準の改正が危機の直接のきっかけとなったわけである。しかし、米国自動車メーカーにとって、財務状況が悪化したからといって退職者の年金や医療保険水準を大きく切り下げることは容易ではない。もとより、企業が提供する年金や医療保険などの制度は、政府が行なうべき社会保障制度に組み込まれている。そのため、政府が社会保障政策を抜本的に変更して企業に頼る仕組みから離れないかぎり、企業の負担割合の低下は高齢者が享受できる社会保障水準の大幅低下に直結する。二〇〇五年の危機はその問題を白日のもとに明らかにすることになったといってよい。

しかし、米国自動車メーカーの経営側とＵＡＷの双方にとって、さらに深刻な問題が横たわっていた。他でもない日本自動車メーカーとの競争である。米国自動車メーカーの労務コストは、米国内で生産する日本自動車メーカーと比較すると、一人一時間あたりで二五ドルから三〇ドルほど高くなっている。これが販売価格の差になっているとの理解も根強い。しかし、実際のところ、販売価格は労務コスト差だけで決定されるわけではないし、価格の安さだけで消費者が車を選ぶわけではない。それにもかかわらず、労務コスト差を過剰に問題視する理由は、それだけ米国自動車メーカーの競争力低下が深刻な状況となっていたからだといえるだろう。

ところで、労務コスト差のうち、従業員に支払われる時間給には日米の差はほとんどない。差となって現れている部分のほとんどは退職者向けの年金と医療費支出である。仮に、米国自動車メーカーがこれらの負担を放棄すれば、そのまま社会保障水準の低下にもなりかねない。しかし、そのような状況でもなお、米国自動車メーカーとUAWは退職者向けの医療保険基金創設に踏み切らざるをえなかった。危機的な状況において、UAWが経営側に協力の姿勢を示したのはこれだけではない。

UAWの経営協力と全国労働協約

まずは、工場閉鎖にともなう労働者の取り扱いの変化からみていこう。二〇〇三年の全国労働協約では、ダイムラー・クライスラーが協約期間内に施設の売却や閉鎖を行なったとしても、労働者はダイムラー・クライスラー従業員としての立場が保証されることが確認された。他施設に転勤する場合は移転手当が、転勤を望まない場合は早期退職手当が支給されることもあわせて合意されている。また、品質と生産性向上にUAWが全面的に協力するとした工場が全国労働協約の中で四つ選定された。従来であれば、ローカル・ユニオンに主導権のあった事項を上部組織が引き継いだ格好となったのである。

同様の状況は、GMとフォードの全国労働協約でもみられた。売却もしくは閉鎖後も従業員の身分が保証されることは、ダイムラー・クライスラーと同様であるが、縮小や廃止にともなって別の工場もしくは同じ工場内の別の部門への異動が行なわれる場合には、使用者側の自由裁量によることが合意された。

実際に賃金を引き下げるということで労務コスト削減に協力するという動きが見られるようになったのも二〇〇三年の全国労働協約からである。GMとフォードは日本自動車メーカーを参考に、部品メーカーをスピンオフさせることで、内部取引コストの低減や競争による購買部門の強化、部門間連携の促進を試みたことがある。それが、GM系のデルファイ社とフォード系のビスティオン社である。しかし、この構想は軌道にのらなかった。デルファイ、ビスティオンともにUAWが組織化している。UAWは組合員の雇用安定のために、デルファイ、ビスティオン両社が親会社と取引する下限額を設定していた。これにより、競争環境が阻害された。具体的には、GMやフォードに割高の部品が納品されることとなったのである。もちろん、デルファイとビスティオンも退職者向けの年金と医療保険に関する負担が課せられていたことはいうまでもない。部品メーカーの多くはUAWに組織化されておらず、賃金などの労働条件もデルファイとビスティオンのおよそ半分程度である。労務コストの差は販売価格にそのまま跳ね返る。したがって、デルファイとビスティオンは価格を含めた市場競争力で他の部品メーカーから劣る状況となっていた。この状況を打開するための方策が、新規採用従業員の賃金を現役従業員のおよそ半額とするものである。この制度は二階建て賃金と呼ばれた。これは、UAWにとって大きな戦略転換を意味する。同一職務の労働者の賃金を同一にする同一労働同一賃金の原則をUAWは保持してきた。これは、職務区分と職務内容に対応する賃金を厳格に定めることで昇進昇格等の運用に関与するためには譲れない原則だった。しかし、それさえもUAWは放棄することとなった。

二〇〇七年の全国労働協約は、二〇〇五年の危機をはさみ、二〇〇三年にみられた状況がさらに進むこととなった。デルファイとビスティオンで採用された二階建て賃金が米国自動車メーカー本体へ導入されたのである。賃金が半減される職務は非中核業務に限るとされたが、どれが非中核業務であるかについては、ローカル労働協約の判断にまかされた。

また、二〇〇三年の時点では工場閉鎖における身分保障や他施設への異動の権利が確認されていたが、二〇〇七年では事業戦略とリンクした雇用保障の確保が課題となるほど危機が差し迫った状況となったのである。その雇用保障の中身は工場別に生産する車種を確保するという方法で行なわれた。雇用保障の中身は次のとおりである。

米国自動車メーカーは工場別に生産する車種を固定している。そのため、ある車種の生産が打ち切られれば、その車種を生産していた工場を休止するか閉鎖するのが一般的である。その場合、その工場の生産性や品質はほとんど考慮されない。どんなに高い生産性や品質を保っている工場でも閉鎖されてしまう。その反面、割り当てられた車種の生産を協約期間中に中断しないとする確約があれば、工場が閉鎖される可能性は大きく低下する。しかし、この確約は事業戦略そのものが全国労働協約によって縛られることを意味する。そのため、経営側は反発し、UAWにとって三七年ぶりとなるストライキが実行に移されたが、最終的に経営側が譲歩して決着した。その背景には、退職者向けの医療保険基金の創設と二階建て賃金の導入についてUAW側の合意があった。

二〇〇七年の全国労働協約では、非正規を正規化するという新しい動きもみられた。二〇〇六年から二〇〇七年にかけて実施された早期退職プログラムにより、大勢の労働者が生産ラインを去った。この穴埋めのため、一時雇い労働者（テンポラリー）が導入されたが、もはやテンポラリーではなく正規労働者と同様の中核業務に従事して、フルタイムに近い働き方をするようになった。このため、品質と生産性の維持という目的もあり、中核業務に携わるテンポラリーの正規化が行なわれた。一見すれば非正規労働者の処遇改善という画期的な試みのようにみえるが、実際のところは、品質と生産性の向上、労務コスト削減といった個別企業の競争力向上のために労働組合が協力するという一連の流れにあるといってよい。

自動車産業をめぐる市場競争の激化によって、ＵＡＷがどのような状況に追い込まれて、このような経営コミットメントを示すようになったのか、次で整理してみよう。

2 市場競争激化の進展

石油危機と市場シェア低下

国内市場の転機はクライスラーから始まった。

一九七九年、第二次石油危機を契機に燃油価格が高騰した。これにより、トラック、ＲＶ、一般乗用車などの燃費があまり良くない車種だけでなく、低燃費のはずの小型車の販売も低迷した。自動車市場全体が縮小したのである。

クライスラーは、同年第2四半期の経常赤字が二〇七万ドルとなった。運転資金が枯渇したために政府保証融資を申請し、その条件として労務費コスト削減が義務づけられたのである。これを受けた一九七九年の労働協約では、賃上げ一時凍結三年間、傷害保険給付金凍結など、総額二〇三万ドルの労務費コストの削減が合意された。また、一九八二年までに六工場の閉鎖、約二万人のUAW組合員のレイオフ、一万九〇〇〇人のホワイトカラー削減などの再建策が実行に移された。その間、米国市場におけるクライスラーの乗用車シェアは、一九七五年の一二・三%から一九八〇年の八・八%まで落ち込んだ。

クライスラー同様、二〇%台を維持してきたフォードの市場シェアも一九八〇年に二〇%を割り込み一七・二%となった。クライスラーとフォードが低迷する一方で、GMだけが一九八〇年代半ばまで四五%前後と高位に安定したシェアを維持した[9]。

クライスラーとフォードのシェア低下は、低燃費小型車へシフトする需要に対応が遅れたことが影響した[10]。転機は一九七三年の第一次石油危機のときに一度訪れている。燃油価格が高騰し、市場規模が縮小したため、連邦政府は「企業平均燃費規制」(CAFE)を設定して低燃費車の開発を米国自動車メーカーに促していたのである。しかし、第一次石油危機からほどなくして、いったん縮小した市場規模は回復し、さらに拡大を続けることとなった。ガソリン価格が安定するとともに、低燃費小型車に対する需要も減少した。そのため、米国自動車メーカーは低燃費車を開発する熱意を減退することとなったのである。

第二次石油危機で再び燃油価格が高騰し、市場規模が第一次石油危機直後と同水準に縮小すると、需要は再び低燃費小型車へ向かった。しかし、米国自動車メーカーは前回の危機から得た教訓を活かすことができなかった。

ここで市場シェアを大きく伸ばしたのは日本製乗用車だった。低燃費小型車を商品ラインナップの中心としていたため、市場シェアは、一九七五年の一〇％未満から一九八〇年の一九・八％、翌一九八一年に二〇・五％へと大きく伸長した。その一方で、GM、フォード、クライスラーの三社合計の乗用車の市場シェアは、一九七五年の七九・八％から一九八〇年の七一・八％へと低下していった。

市場寡占状態の終焉

高い市場シェアを維持することは、米国自動車メーカーにとっての生命線だった。市場寡占状態を背景に、賃金上昇や労働条件向上など、労務コスト上昇の原資を製品価格に転嫁してきたからである。労働条件の恒常的な上昇と引き換えにして、UAWはフォード・システムを受け入れてきた。その前提が崩れれば、労使関係のフレームワークにも影響を与える。

この影響は、パターン交渉においてより顕著なかたちで現れることとなった。パターン交渉は、米国自動車メーカーが市場を寡占状態に置いているという特徴を活かした団体交渉方法である。UAWは、GM、フォード、クライスラーの三社のうち、一社を選択して団体交渉を先行する。このときに、

図表 2-3　パターン交渉

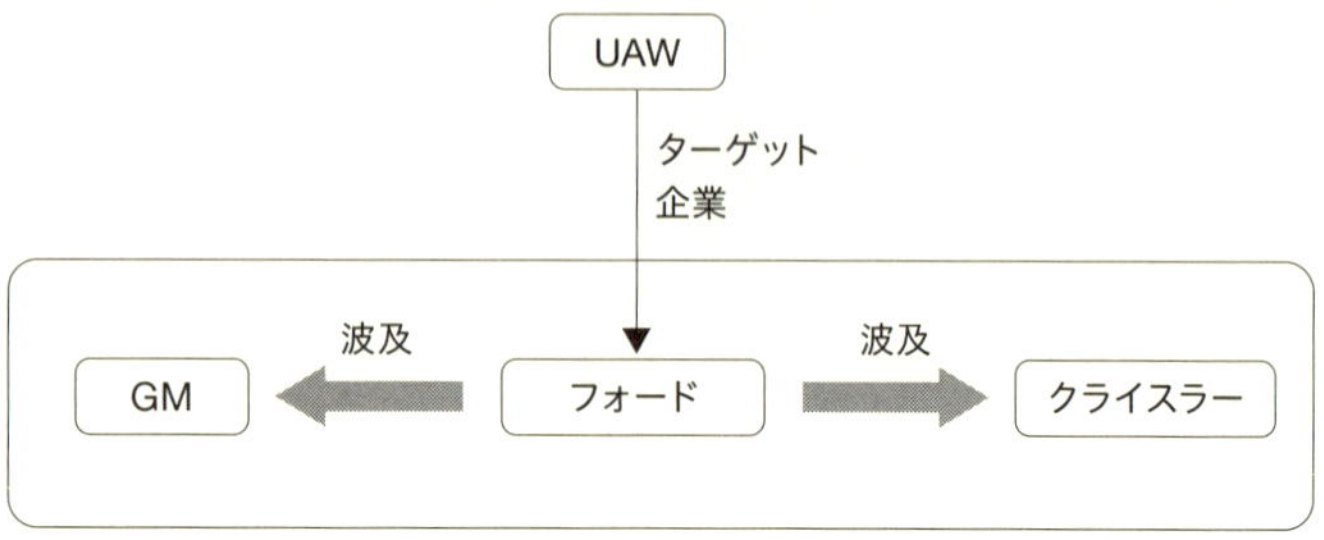

出所：著者作成

ストライキ権を確立して交渉に望む。こうしておけば、交渉が決裂したとき、すぐにストライキを実行できる。もし、ストライキ権を行使すれば、交渉を先行させた一社は操業停止に追い込まれる。これは、生産継続中の他の二社の市場シェア拡大に直結する。この事態を防ぐためにはUAWの要求に応えざるをえない。このようなかたちで先行する一社から成果を引き出した後、他の二社に対しても順番にストライキ権を立てて交渉を行なう。その結果、三社はすべてUAWの要求を受け入れることになるのである（**図表2-3**）。

パターン交渉により、UAWは三社同様の成果を獲得できた。一方、経営側にとっては、三社間で労務コストが平準化されるという副産物がもたらされた。[11] パターン交渉の前提条件は、UAWに組織化されている企業が市場を寡占状態にしていることである。一九七〇年代に低価格の日本車の輸入量が増え、米国自動車メーカーの価格支配力にかげりがみられたが、その段階ではパターン交渉の継続にとって致命的なダメージとなっていない。UAWが米国自動車メーカーにストライキ権を行使しても、日本自動車メーカーの製造する自動車の米国への輸入を制限することで影響を軽微にすることができる。このため、UAWは一九七四年の輸入車制限法案と一九七九年の日本政府への対米輸入制限の推進を支持した。一九七四年の輸入車制限法案は不成立に終わったが、対米輸出制限と米国現地生産への転換を日本に求める政府間交渉が行なわれた。これを受けて、日本自動車メーカーは一九八一年に対米輸出自主規制を始めることとなった。同時に、組立工場の対米進出を開始した。これがパターン交渉継続にとって決定的なダメージを与えることになる。

一九八三年の日本からの輸入台数は二三八万台。同じ年から始められた現地生産の台数は七万五〇〇〇台にすぎなかった。しかし、六年後の一九八九年には現地生産台数が一二五万台（ホンダ、日産、NUMMI、トヨタ、マツダ、三菱、スバル・いすゞ合計）となり、輸出台数二四一万台の約半分までになったのである。

日本自動車メーカーの北米現地生産台数は、一九八〇年代初頭の輸入台数を遥かに上回った。それにともない、市場シェアも一九八二年の二一・三％から一九九五年の二九・七％へ上昇している。一九九五年には、北米現地生産が約二三〇万台に伸びた。日本からの輸入台数が減少し、北米市場で販売する日本車の三分の二を現地生産が占めるようになった。北米市場全体でみれば、約二〇％が現地生産の日本車となったのである。

現地生産を行なう日本自動車メーカーは、進出先の雇用創出に貢献する。その際に、日本企業の優位性を移転する目的で労働組合を作らせないような施策をとったのは前述の通りである。そのため、

図表 2-4　パターン交渉の行き詰まり

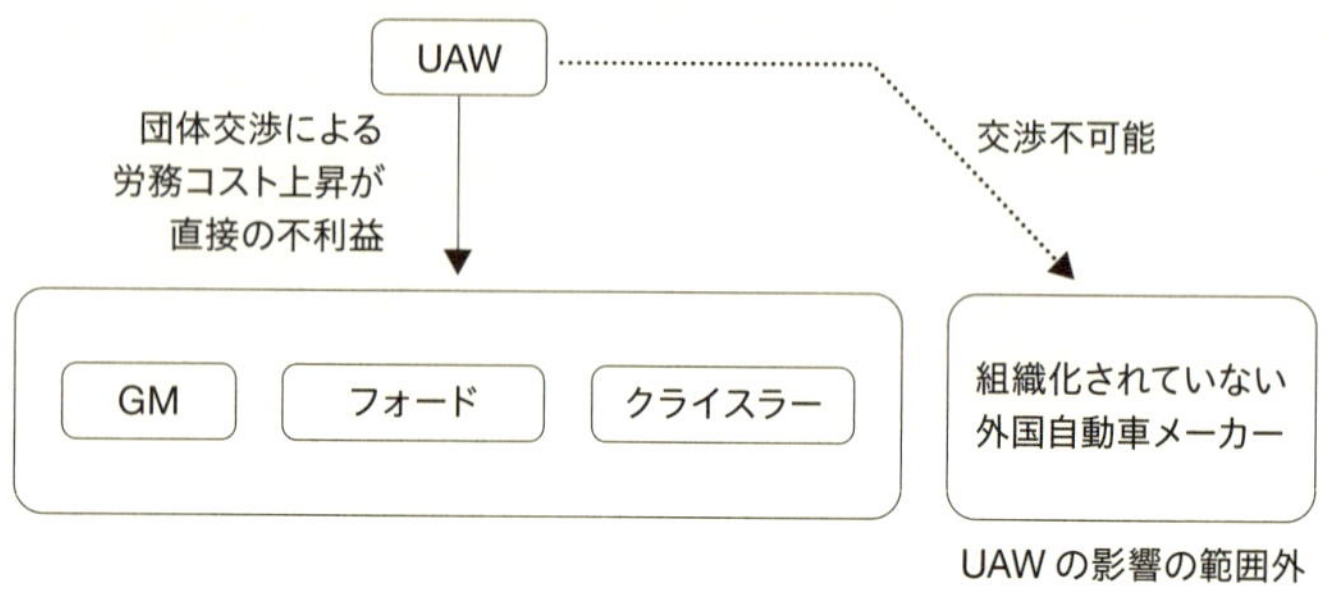

出所：著者作成

市場シェアの五分の一が労働組合に組織化されていない企業となった。これが、パターン交渉の継続にとっての脅威となったのである。

組織化されていない日本自動車メーカーが一定の市場シェアを獲得した状態で、UAWがパターン交渉を継続する状況を想定してみよう。従来と同様に、UAWが米国自動車メーカーのうちの一社を選択して交渉を先行させるとする。交渉が難航すれば、UAWがストライキ権を行使する。すると、その一社の経営側は操業停止による市場シェア低下を嫌って、UAWの条件を受け入れたと仮定しよう。同様に、他の二社に対して交渉をしていくと、米国自動車メーカーの労働条件が足並みをそろえて向上する。しかし、UAWは日本自動車メーカーと交渉することができないため、日本自動車メーカーの労働条件には変化がない。つまり、米国自動車メーカーだけの労務コストが上昇することになり、競争力の点で日本自動車メーカーを有利にしてしまう。その結果、米国自動車メーカーが市場シェアを低下させれば、UAWとしては雇用保障が失われるという可能性すらある（図表2-4）。

パターン交渉は、ＵＡＷにとっては労働条件の向上を獲得するための交渉力の源であったし、経営側にとっては、フォード・システムを継続するために労働組合から協力を得るための有効な装置だった。したがってパターン交渉の継続が難しくなることは、ＵＡＷだけでなく、経営側にとっても問題であったといえよう。

ＵＡＷがとることができる戦略は、日本自動車メーカーをＵＡＷの傘下に加えてパターン交渉を再び強化すること、もしくは、米国自動車メーカーの市場シェア回復を目指して経営側に協力をすることの二つに一つとなったのである。結果として、日本自動車メーカーの組織化が頓挫していることもあり、ＵＡＷは経営側に協力するという後者の戦略が選択された。前章でみたように、その過程はフォード・システムから新しい働き方への転換であった。すると、フォード・システムを維持するための装置という意味を持っていたパターン交渉の役割も変わらざるをえない。その点については、第3章でみていくことにしよう。

続いては、米国の自動車産業に変化をもたらした経済・社会政策の変化を歴史的にみていくこととする。

3 経済・社会政策の変化

ニューディール政策における政府の機能

経済、社会政策の変化について述べるまえに、出発点となったニューディール政策について整理しておこう。

ニューディール政策は、一九二九年に始まった世界大恐慌からの脱出を目的に行なわれたものである。ここでは、労働者の賃金を上昇させて購買力を喚起することで経済活動に刺激を与えることが重要施策となった。一九三三年に全国産業復興法（NIRA）で労働組合の団結権と団体交渉権を認め、一九三五年には全国労働関係法（NLRA）で労働組合と使用者が公正に交渉を行なう基盤が整備された。労働者に分配する原資は、市場需要を喚起することにより賄われ、この国内需要を管理する機能を政府が担ったのである。つまり、米国における労働組合と使用者の関係は、労働者自らの運動があるとしても、政策的に誘導されたという側面を軽視することはできない。

国内需要を管理するにあたって、国境を越える資本の移動を厳格に統制することが政府に求められる。国境を越える資本の移動は政府による管理能力を逸脱してしまうからである。[12] 国内需要を管理することで、政府は労働分配率の上昇を政策的に誘導することが可能となった（**図表2-5-a**）。

団体交渉を政府が保障し、労働分配率の上昇を政策的に誘導するという機能はニューディール政策

図表 2-5-a　労使・政府・未組織企業における戦略レベルの政策決定（1930 年代）

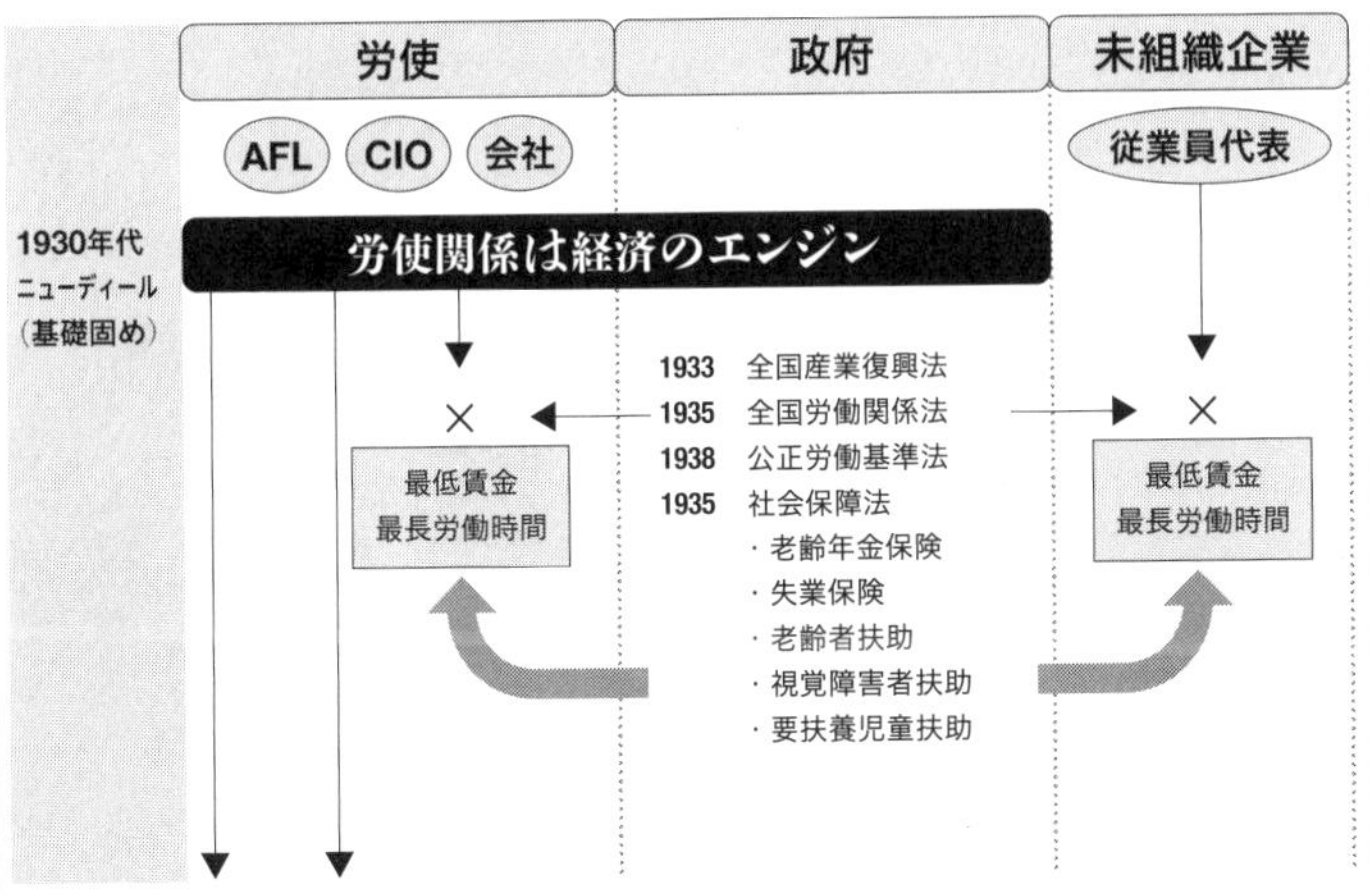

出所：著者作成

というよりむしろ、第二次世界大戦によって確立した。国内需要を管理し、国境を越える資本移動を規制するためには、企業の発言力を上回る国家の強大な統制力と市場を拡大できるだけの環境が必要である。この二つを実現させたのが第二次世界大戦という非常事態であった。

戦時体制は、需要と供給に関する国家の統制力を強めた。政府は、戦争にともなう軍需を大企業中心に調達し、国家予算を前提に価格設定を行なった。これにより、国内需要が政府によって統制されたのである。(13) 一九四一年に労使の間には戦時中にストライキを実施しないとする協定が大統領の仲介により成立した。このように、政府は労働組合に対して、生産活動を通じた戦争協力を求めたのである。(14)

労働問題の解決には、政府が介入を行なう

ために、一九四一年に全国国防仲裁委員会（ＮＤＭＢ）、翌四二年に全国戦時労働委員会（ＮＷＬＢ）が設置された。一九四二年には、戦争協力に対する代償として、労働組合に労働協約があるかぎりは労働組合員の地位が保全される組合員維持方式と、生計費上昇分の賃上げを保障する小鉄鋼方式が確認されている。また、戦時には労働力が不足していたことから、労働力確保を目的として明確な職務定義に基づく詳細な職務区分体系と職務体系賃金に対応した内部昇格制度やシニョリティ制度が確立することとなった(15)。

つまり、現在まで続く米国の労使関係の基礎のほとんどが、第二次大戦期にできあがったのである。政府は、労働組合による実質賃金上昇の抑制とストライキ権の放棄、経営側による労働組合の承認と維持、付加給付の引き上げ容認といった行動をリードする中核的役割を演じた。大戦後の一九四六年には、雇用維持を経済政策の基本とする雇用法が設置されたが、ここにおいても大企業労使を介在した需要管理の考えが根幹に置かれている。この仕組みは、戦後の景気回復で、労働分配の原資が確保されるようになったことで、より強固なものとなっていった（**図表2－5－b**）。

一九五〇年代に入ると、労働組合が年次改善要素（ＡＩＦ：Annual improvement factor）、生計費調整条項（ＣＯＬＡ：Cost of living adjustment）、補完的失業給付（ＳＵＢ：Supplementary unemployment benefit）、医療保険制度、企業年金制度を獲得した。年次改善要素は、インフレ調整手当に付加される毎年三％の賃上げのことであり、生産性向上に対する見返りとされた。生計費調整条項はインフレ調整手当のことで、補完的失業給付とは、職場復帰が約束されたレイオフの際の失業給付のことである。自動車産業では、公的

図表 2-5-b　労使・政府・未組織企業における戦略レベルの政策決定（第二次世界大戦期～1950年代前半）

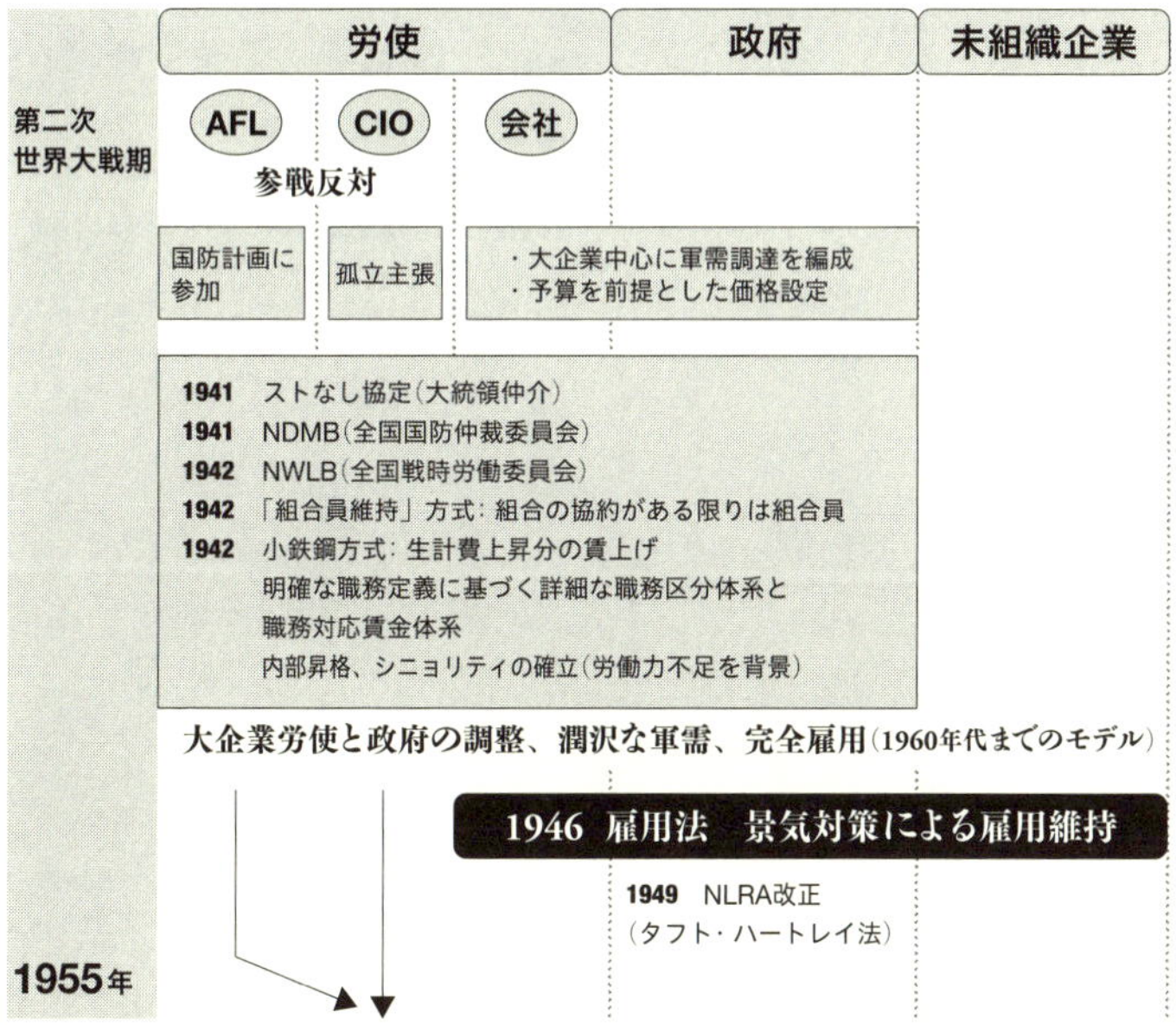

出所：著者作成

失業保険と合計で賃金の九五%が保障され、最大で三年間の給付が合意された。

このように労働組合の権利が拡充される一方で、一九五〇年代は政府の統制に対して経営側が挑戦を始めた時代でもある。政府は国内需要を管理するため、国境を越える資本の移動を厳格に規制していた。しかし、それにもかかわらず、経営側は海外市場で、現地生産・現地販売を行なうための対外直接投資を急速に進めたのである。それに対して政府は、国際収支悪化防止と国内労働者保護の観点から、需要管理を旨とする一九六二年

図表 2-5-c　労使・政府・未組織企業における戦略レベルの政策決定（1950 年代～ 60 年代前半）

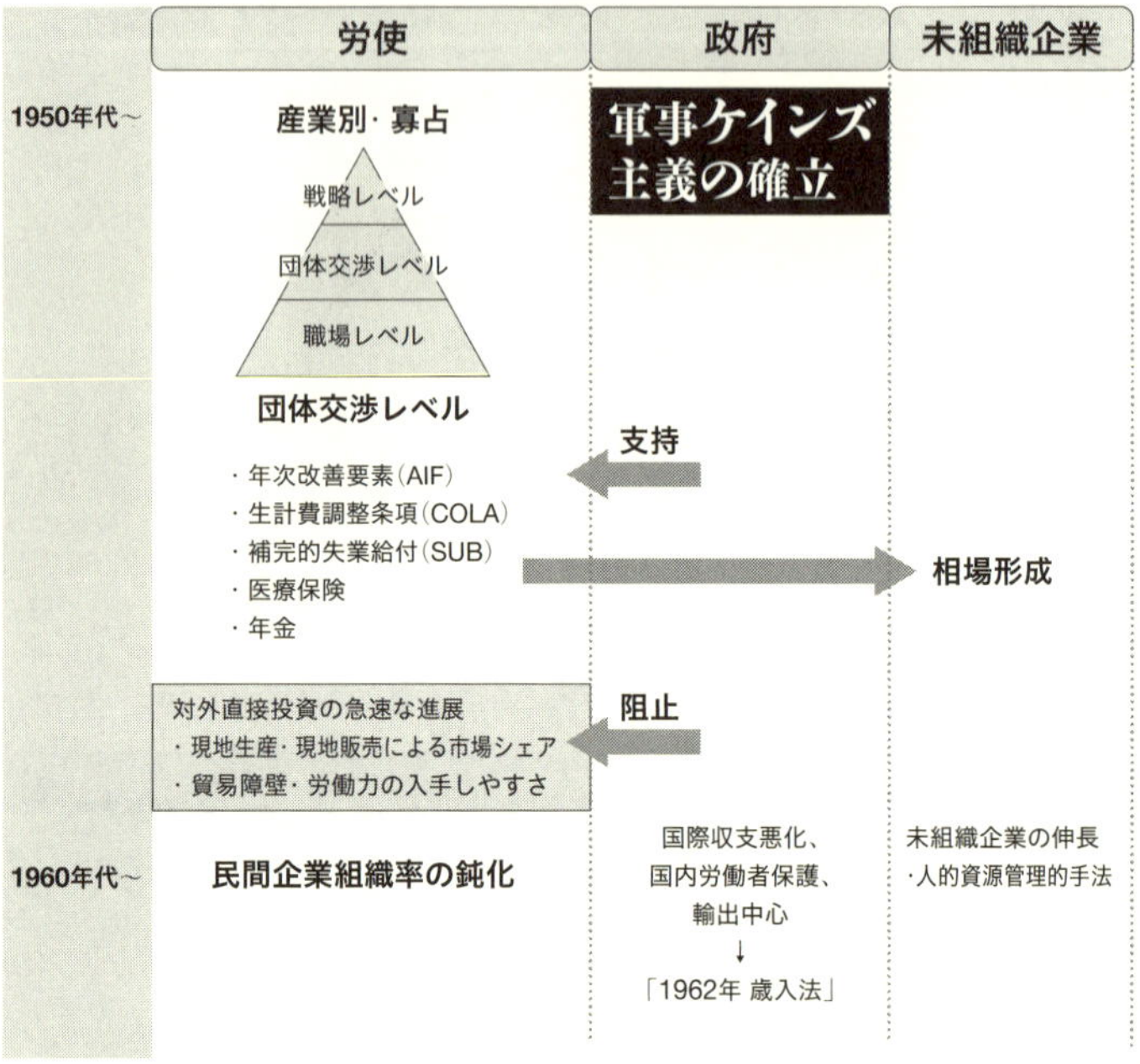

出所：著者作成

歳入法を成立させて統制を試みた（**図表2－5－c**）。

一九六〇年代に入っても、政府は国境を越える資本の移動を統制するため、外国債券に対する投資に加重税率をかける金利平衡税を設定するなどの方法を試みた。しかし、現地で生産された製品や販売活動によって獲得された利益などの海外投資利益が本国へ還元するようになったため、政府は国境を越える資本の移動を抑えることが難しくなってきた。そのため、政府は海外投資を抑制する姿勢をゆるやかに変化させていく。

図表 2-5-d　労使・政府・未組織企業における戦略レベルの政策決定（1960年代～70年）

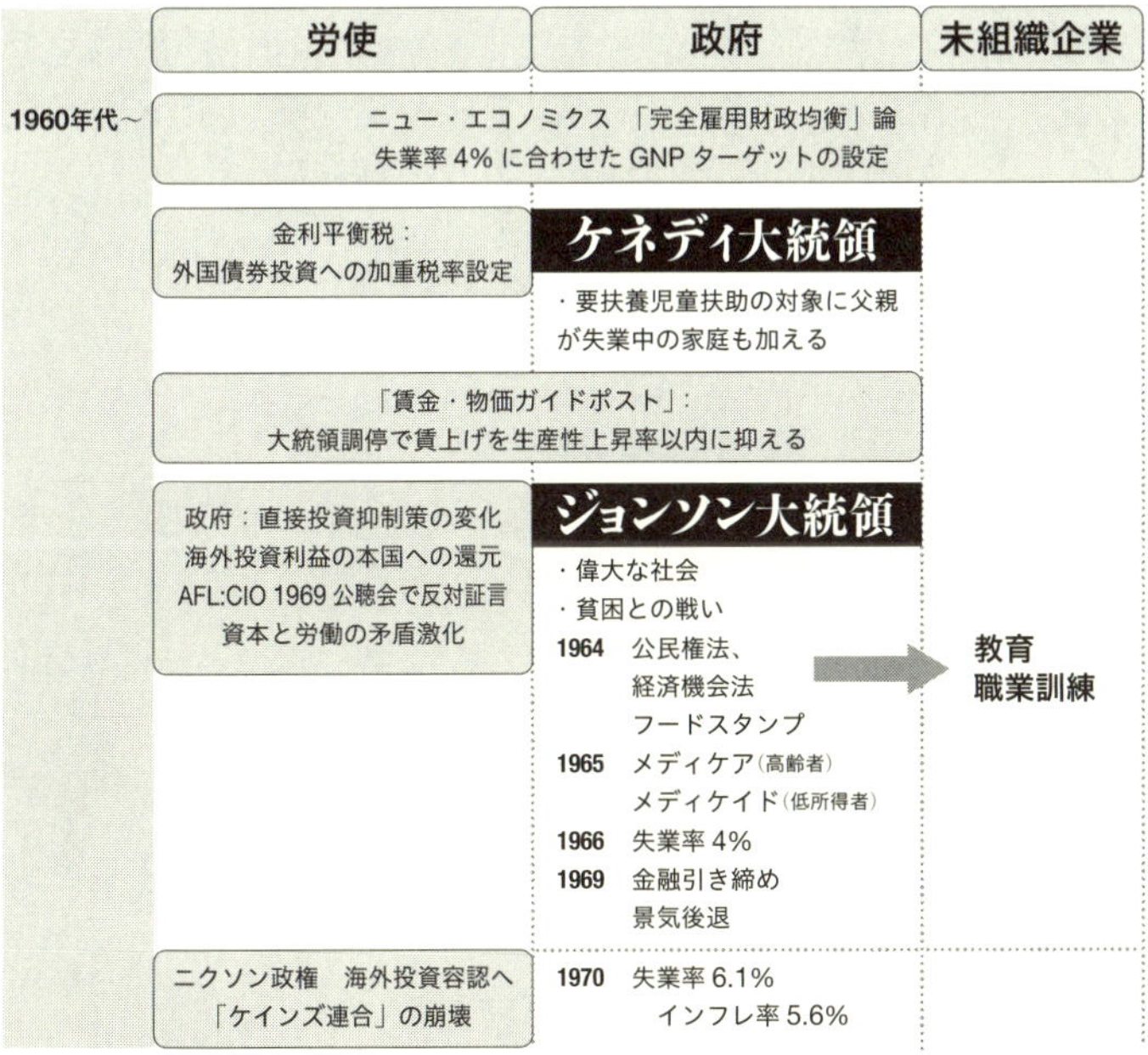

	労使	政府	未組織企業
1960年代〜	ニュー・エコノミクス 「完全雇用財政均衡」論 失業率4％に合わせたGNPターゲットの設定		
	金利平衡税： 外国債券投資への加重税率設定	**ケネディ大統領** ・要扶養児童扶助の対象に父親が失業中の家庭も加える	
	「賃金・物価ガイドポスト」： 大統領調停で賃上げを生産性上昇率以内に抑える		
	政府：直接投資抑制策の変化 海外投資利益の本国への還元 AFL:CIO 1969 公聴会で反対証言 資本と労働の矛盾激化	**ジョンソン大統領** ・偉大な社会 ・貧困との戦い 1964 公民権法、 　　　経済機会法 　　　フードスタンプ 1965 メディケア（高齢者） 　　　メディケイド（低所得者） 1966 失業率4％ 1969 金融引き締め 　　　景気後退	→ 教育 職業訓練
	ニクソン政権　海外投資容認へ 「ケインズ連合」の崩壊	1970 失業率6.1％ 　　　インフレ率5.6％	

出所：著者作成

このような不安要素を抱えながらではあったが、一九六〇年代に政府は国内需要の管理によって労働分配率上昇を誘導する政策を打ち出している。それが、失業率四%を維持するためにGNPターゲットを設定する「完全雇用財政均衡」論（ニュー・エコノミクス）である。

また、賃金上昇が実体経済を超えて高くなることを防ぐ政策も考案された。それが賃金上昇を生産性上昇率以内におさえる「賃金・物価ガイドポスト」である。

政府による需要管理と賃金

上昇管理を軸として、一九六〇年代は飛躍的な経済発展を達成した。これを背景に、ジョンソン政権は「貧困との戦い」を行なうことになる。「貧困との戦い」では、一九六四年に教育、職業訓練、職業機会の提供などを柱とした経済機会法、貧困者向けの食料品割引切符であるフードスタンプ制度、翌六五年には高齢者向けの医療保険制度メディケア、低所得者向けの医療保険制度メディケイドが創設された。経済発展を背景にして、一九六六年には失業率四％を達成している（**図表2－5－d**）。しかし、一九七〇年代には政策を支えていた好景気が失速する。

市場競争の激化と政策の変化

一九七〇年代に入ると、オイルショックと国際収支悪化に直面した。このため、インフレ率が高騰するとともに、景気が後退期に入って失業率が悪化を始めたのである。

一九七一年、ニクソン政権は低迷からの打開のため、新経済政策を打ち出した。ここでは、金ドル交換の停止とともに、これまで厳格に統制してきた海外投資を容認するという方針転換が行なわれた。しかし、輸入過多を原因とする国際収支は悪化の一途を辿り、フォード政権下の一九七五年には失業率が九％に悪化した。続くカーター政権は一九七七年に失業率四％を義務化する完全雇用予算を打ち出したものの、高失業率と高インフレ率が解決されることはなかった（**図表2－5－e**）。

一九八〇年代に入り、レーガン政権は高失業率、高インフレ率に対処するための政策を打ち出した。それは、政府による需要管理を民間に委ねる規制緩和に向かうことであった。一九八一年に成立

図表 2-5-e　労使・政府・未組織企業における戦略レベルの政策決定（1970 年代）

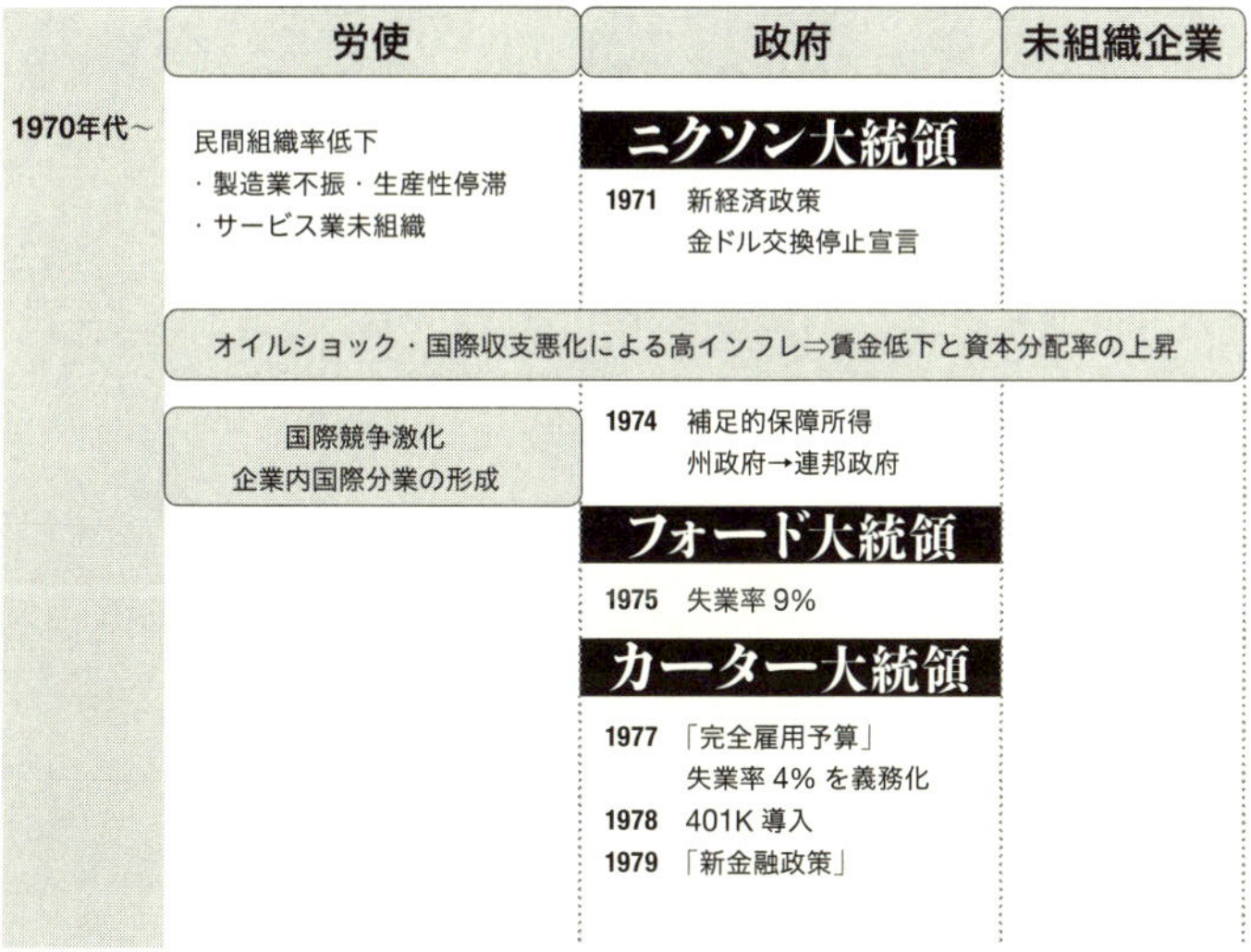

	労使	政府	未組織企業
1970年代〜	民間組織率低下 ・製造業不振・生産性停滞 ・サービス業未組織	**ニクソン大統領** 1971 新経済政策 　　　金ドル交換停止宣言	
	オイルショック・国際収支悪化による高インフレ⇒賃金低下と資本分配率の上昇		
	国際競争激化 企業内国際分業の形成	1974 補足的保障所得 　　　州政府→連邦政府 **フォード大統領** 1975 失業率9％ **カーター大統領** 1977 「完全雇用予算」 　　　失業率4％を義務化 1978 401K導入 1979 「新金融政策」	

出所：著者作成

した経済再建税法では、個人所得税減税、個人退職年金・自営業者退職年金の控除限度額拡大、減価償却に関わる企業減税などの規制緩和を推進している。同時に、社会保障給付額の抑制が行なわれた。要保護児童家庭扶助の支給に一定の制限を設け、受給者に職業教育と職業訓練を義務づけることなどがそれである。

また、企業の資金調達を銀行による間接金融から直接金融へと切り替えることを目的とする金融自由化がすすめられた。従来は、銀行中心の間接金融で行なわれてきた政府の資金調達であるが、インフレ率が銀行金利を上回る逆ザヤとなり、銀行としては貸せば貸すほど損をするという状況になってし

図表 2-5-f　労使・政府・未組織企業における戦略レベルの政策決定（1980 年代）

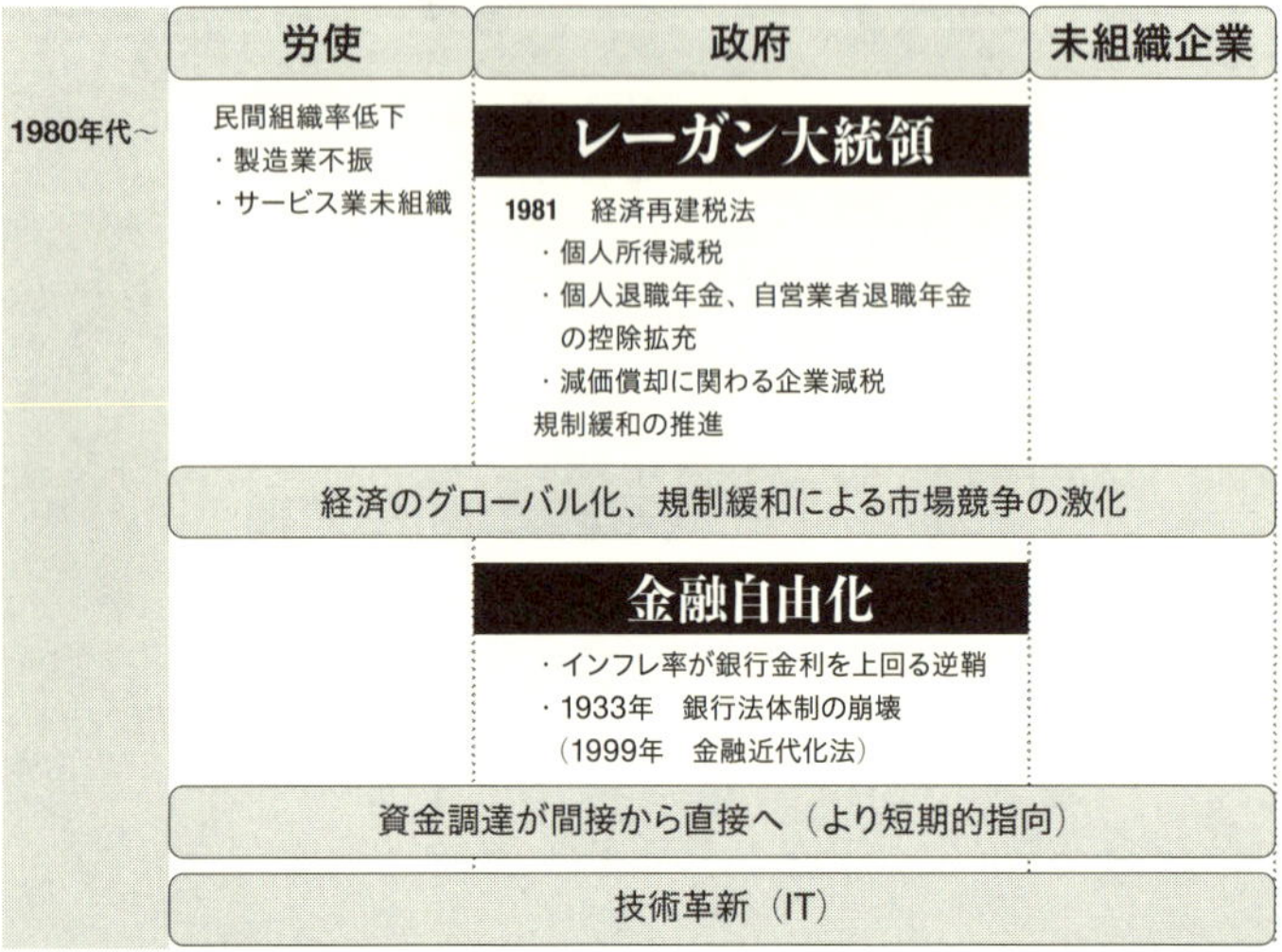
労使
政府
未組織企業
1980年代～
民間組織率低下
・製造業不振
・サービス業未組織
レーガン大統領
1981　経済再建税法
・個人所得減税
・個人退職年金、自営業者退職年金の控除拡充
・減価償却に関わる企業減税
規制緩和の推進
経済のグローバル化、規制緩和による市場競争の激化
金融自由化
・インフレ率が銀行金利を上回る逆鞘
・1933年　銀行法体制の崩壊
（1999年　金融近代化法）
資金調達が間接から直接へ（より短期的指向）
技術革新（IT）

出所：著者作成

まったからである。

政府は、一九七〇年代に国境を越える資本移動の管理を放棄し、一九八〇年代には企業の資金調達を直接金融中心に切り替えたことなどにより国内需要の管理を行なう政策から後退してきた。これにともない、団体交渉を通じた労働分配を基軸とする政策も転換をせまられた（**図表2－5－f**）。

一九九〇年代に入り、クリントン政権は課税の累進性を強化して、レーガン政権で行なわれた個人所得税減税を修正した。しかし、一九九六年には、要保護児童家庭扶助を貧困家庭に対する一時的扶助に再編して、社会保障給付額の抑制を試みる「個人責任・勤労機会調整法」を成立させている。これ

図表2-5-g　労使・政府・未組織企業における戦略レベルの政策決定（1990年代）

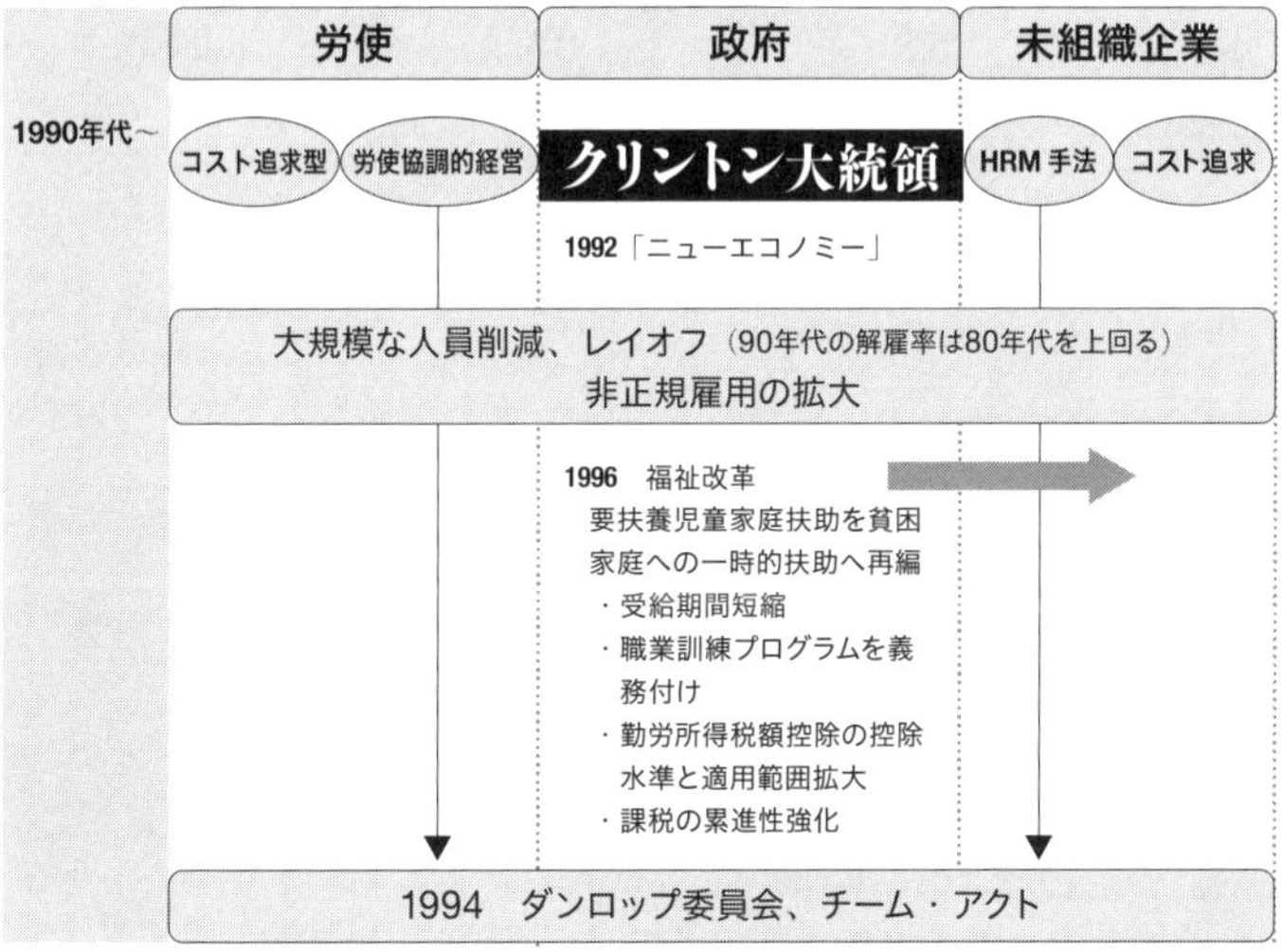
労使
政府
未組織企業
1990年代～
コスト追求型
労使協調的経営
クリントン大統領
HRM手法
コスト追求
1992「ニューエコノミー」
大規模な人員削減、レイオフ（90年代の解雇率は80年代を上回る）
非正規雇用の拡大
1996　福祉改革
要扶養児童家庭扶助を貧困家庭への一時的扶助へ再編
・受給期間短縮
・職業訓練プログラムを義務付け
・勤労所得税額控除の控除水準と適用範囲拡大
・課税の累進性強化
1994　ダンロップ委員会、チーム・アクト

出所：著者作成

は、受給期間短縮、給付対象者に対する職業訓練プログラムの義務づけ、低所得者への所得税還付などにより、就労意欲を喚起する試みであった。政府が福祉的な役割から後退していく姿勢はレーガン政権の路線を踏襲している。労使関係については、ダンロップ委員会報告や、チームアクト法案など、労働者参加を容易にするために全国労働関係法（NLRA）の改正が試みられた。これは、政府の役割変容の象徴といえるだろう。政府は、使用者と労働組合が企業競争力強化のために協力する枠組み作りへと軸足を移したのである（**図表2-5-g**）。

　二〇〇〇年代のブッシュ政権では、富裕層を対象とする減税が行なわれ

図表 2-5-h　労使・政府・未組織企業における戦略レベルの政策決定（2000年代）

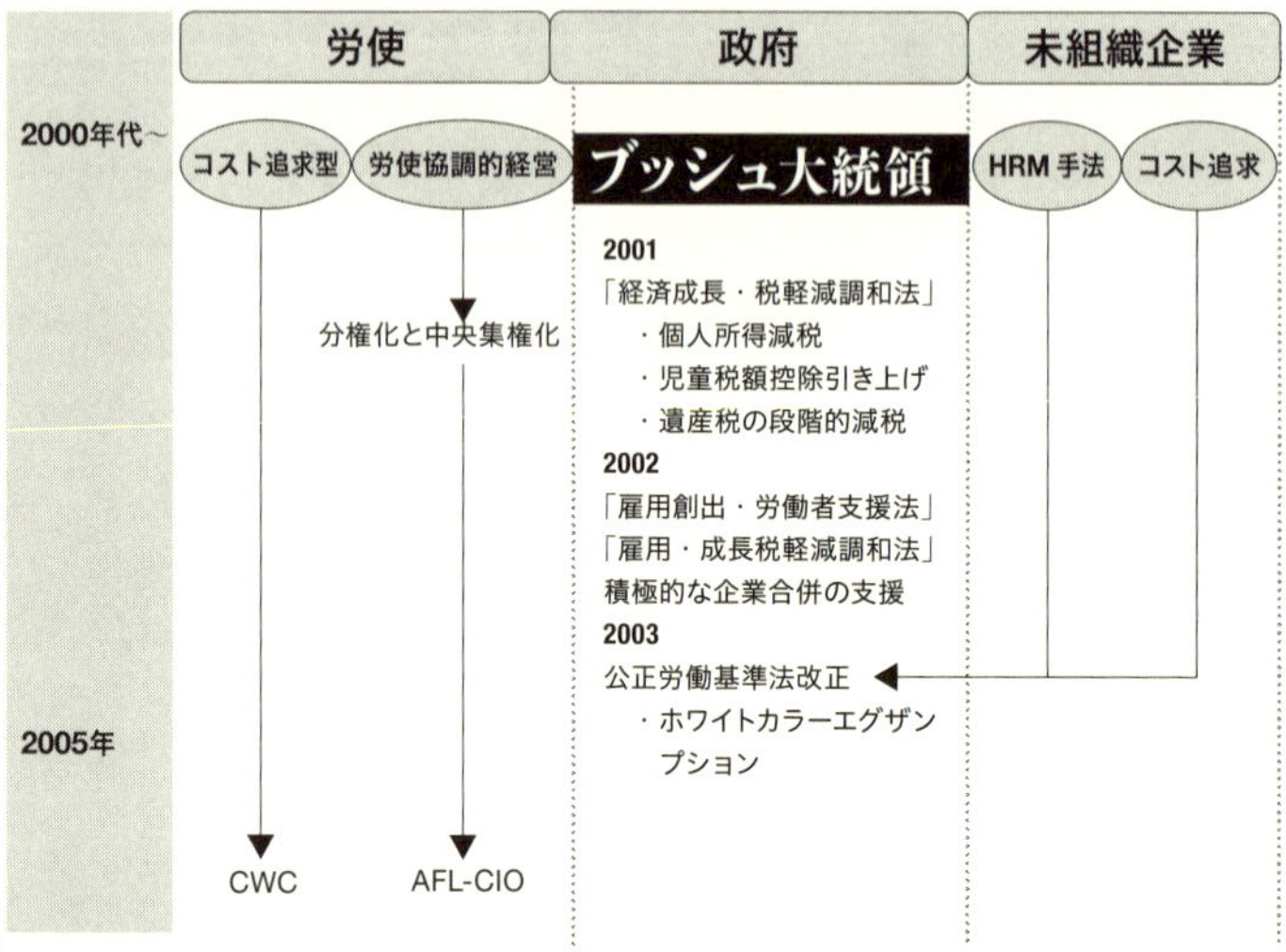

出所：著者作成

た。二〇〇一年の、「経済成長・税軽減調和法」による個人所得税減税と児童税額控除引き上げ、遺産税の段階的減税がその中身である。また、二〇〇二年の「雇用創出・労働者支援法」と二〇〇四年の「雇用・成長税軽減調和法」によって、経営者、投資家などの自由な民間活力に期待する政策が実行に移された。同じ路線にたって、二〇〇三年には、公正労働基準法の改正が行なわれ、時間外割増賃金支払いの対象となる労働者の範囲が狭められるようになっている（**図表2-5-h**）。

これまでみてきたように一九七〇年代までは、政府が国境を越える資本の移動を厳しく監督・統制しつつ、国内需要を管理したことが団体交渉を基軸とした労働分配率の向上を可能にしていた。しかし、第二次世界大戦後に活発化した海外直接投資と企業内貿易が政府による統制力を超えて進展した。その結果、国際収支が悪化して高インフレを招くに至り、政府は国境を越える資本の移動を監督・統制することを放棄したのである。この一連の流れの中で、企業の資金調達を間接金融から直接金融へ促すという政策変更が行なわれている。

その結果、政府は労使関係への関与を弱め、一九八〇年代以降、労働組合の役割を経営の協力者へと誘導するようになる。もはや完全雇用の達成は民間活力に期待するようになったのである。需要の管理や労働分配は、個別企業の競争力に依存度を高める傾向が強まり、労働組合を企業内の課題に接近させた。このような状況の中で、労働組合そのものも、変化を志向するようになってきた。次では、その変化についてみてみよう。

4 労働組合——二つの方向性

AFLCIO分裂

二〇〇五年七月、アメリカ労働総同盟産別会議(AFLCIO)が二つに分裂した。(16) サービス、ホテル、運輸、建設などの労働者を組織する産業別労働組合の連合体、勝利のための変革連合(CTW: Change to Win Coalition)がAFLCIOを脱退したのである(図表2-6)。

CTWの中心的役割を演じているサービス従業員国際労働組合(SEIU)会長のアンドリュー・ス

図表 2-6　ナショナルセンターの分裂と構成組合（2008年）

AFL-CIO 主要労組	
American Federation of Government Employees (AFGE)	600,000
American Federation of State, County and Municipal Employees (AFSCME)	1,400,000
American Federation of Teachers (AFT)	1,400,000
American Postal Workers Union (APWU)	330,000
California School Employees Association (CSEA)	220,000
Communications Workers of America (CWA)	700,000
International Association of Fire Fighters (IAFF)	272,000
International Association of Machinists and Aerospace Workers (IAM)	646,933
International Brotherhood of Electrical Workers (IBEW)	750,000
International Union of Operating Engineers (IUOE)	400,000
International Union of Painters and Allied Trades (IUPAT)	140,000
National Association of Letter Carriers (NALC)	300,000
Office and Professional Employees International Union (OPEIU)	150,000
Sheet Metal Workers International Association (SMWIA)	150,000
United Association of Journeymen and Apprentices of the Plumbing and Pipe Fitting Industry of the United States and Canada (UA)	320,000
United Auto Workers (UAW)	464,910
United Steel, Paper and Forestry, Rubber, Manufacturing, Energy, Allied Industrial & Service Workers International Union (USW)	722,545
CTW 主要労組	
International Brotherhood of Teamsters (IBT)	1,423,038
Laborers' International Union of North America (LIUNA)	550,000
Service Employees International Union (SEIU)	2,000,000
UNITE HERE	465,000
United Brotherhood of Carpenters and Joiners of America (UBC)	520,000
United Farm Workers (UFW)	
United Food and Commercial Workers (UFCW)	1,400,000

出所：Office of Labor-Management Standards. Employment Standards Administration. U.S. Department of Labor. Form LM-2 labor Organization Annual Report. より作成

ターンの言葉が分裂を象徴的に物語る。彼は、AFLCIO側に属するUAWが「カンパニー・ユニオンを抱えている」とコメントした。[17]

カンパニー・ユニオンとは、経営者側によって運営が介入される労働組織のことを指し、全国労働関係法によって否定されている。UAWがカンパニー・ユニオンを抱えているとは、UAWが使用者から独立した組織ではないとの指摘に等しい。

同様の事例は、シンギュラー（Cingular）社による全米通信労組（CWA）傘下のAT&Tワイヤレスの二〇〇五年の買収にもみることができる。買収後に発足する新しい労働協約には、雇用保障と引き換えに協約期間中のストライキ権放棄と労働組合による経営協力がおり込まれていた。[18]CWAはUAWと同様にAFLCIO傘下の産業別労働組合である。

AFLCIOは、公的セクターを除けば、製造、通信など国際市場競争が激しさを増している産業を中心に構成されている。一方、CTWに加盟しているのは、サービス、ホテル、運輸、建設などの産業であり、国内市場でコスト削減競争に直面している。そのため、労働運動の方向性が異なる。AFLCIOが経営に協力するという方向に向かうのに対し、CTWは同一産業内に乱立している複数の組合を統合して、産業活動や企業に対する規制力を強化するという方向に向かった。[19]この異なる二つの路線が袂を分かったことにより、経営に協力する労働組合の戦略は必ずしも米国の労働運動の中で社会から支持を受けていないことが明らかとなった。サービス従業員国際労働組合（SEIU）などCTWを構成する産業別労働組合は、組織運営が官僚的であり民主的な要素に欠けるとの批判があるものの、移民などの低賃金、未熟練労働者を中心に組織を拡大してきているほか[20]、草の根運動、ソーシャルユニオニズムという点ではＡＦＬＣＩＯと同様に取り組んできた。一方、ＡＦＬＣＩＯは、一九九五年に当選したスウィニー会長のもとで行なわれている組織拡大策が成功していないとの指摘がある[21]。

所得の再分配機能の低下

経営への協力に活路を見出す方向と、産業別組織を強化する方向に労働運動の戦略が二分化したが、その背景には、労働者が経営に協力する能力があると認められた者と、低コストに貢献する者に二分したことがある。かつて、政府は「貧困との戦争」に基づいてウェルフェア（生活保護）政策を行ない、労働組合運動と合わせて所得の再分配機能を働かせていた。

しかし、国境を越える資本の移動や市場競争の激化がもたらす高インフレ率と高失業率の中で、政府は国内需要管理の統制力を弱めていく。それとともに、ウェルフェア（生活保護）からの転換も行なわれてきた。また、労働組合を回避する人的資源管理的手法を採用する企業の増加による労働組合組織率の低下や、市場環境の変化が労働組合運動を経営に協力できる能力を持った者と、持たざる者とに二分し、それがさらに所得の再分配機能を妨げるという状況につながっていたのである。

クリントン政権期の一九九六年には、「個人責任・勤労機会調整法」が成立し、ウェルフェア政策からワークフェア政策へ向かう流れが決定的となった。これにより、働いているにもかかわらず、所

図表2-7　父親と息子の収入の相関（2002年）

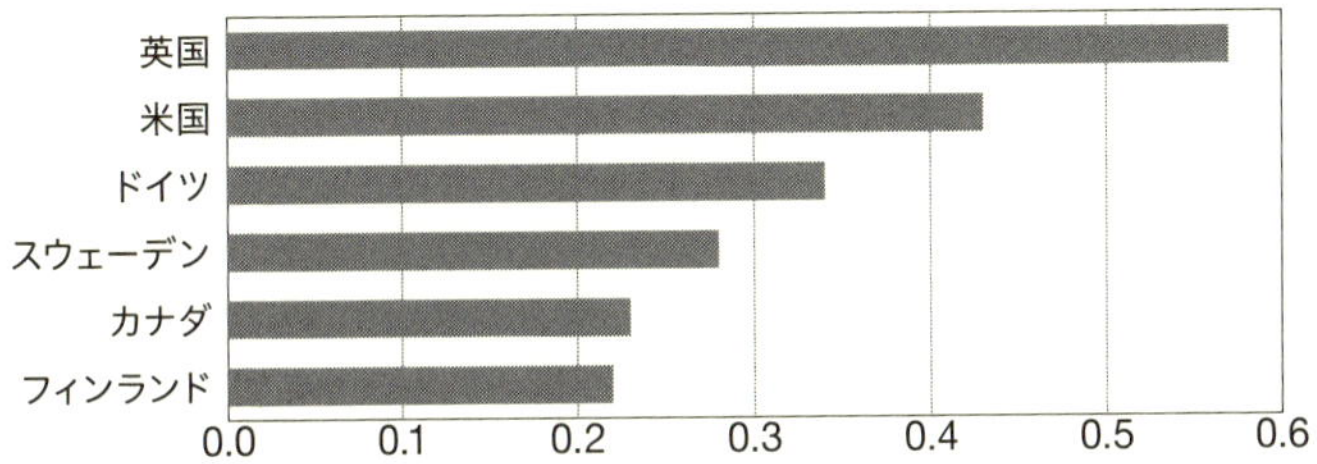

出所：Allegretto, et al.〔2006〕より作成

得水準が貧困ライン以下となる「ワーキングプア」が社会問題として取り上げられるようになったのである。

米国におけるワーキングプアの状況を報告する「A Profile of the Working Poor, 2003」（米国労働省労働統計局）によれば、二〇〇三年の就業人口の五・三%（七四〇万人）が、就業しているにもかかわらず貧困ライン以下となった[22]。その内訳は約四〇%がフルタイム労働者である。学歴別では、大卒以上が一・七%、高卒未満が一四・一%と比較的低学歴の労働者にワーキングプアが多い。産業別の就業割合では、サービス産業が一一・二%（二〇〇四年）と最も多い。

父親の収入と息子の収入の相関を西欧六カ国で比較すると、米国は英国に次いで関連が強く（**図表2-7**）、父親が最下層の収入レベルに属する場合、四二・二%の息子が「父親と同一の収入レベル」に留まる。いったん貧困レベル以下に低下すれば、這い上がることは難しい。

貧困および貧困家庭の割合は一貫して低下しているが（**図表2-8**）、その中身をみれば、むしろ状況は深刻さを増している。貧困ラインの半分以下の所得しかない人は、一九六七年に貧困者全体の約

図表 2-8　貧困者の割合

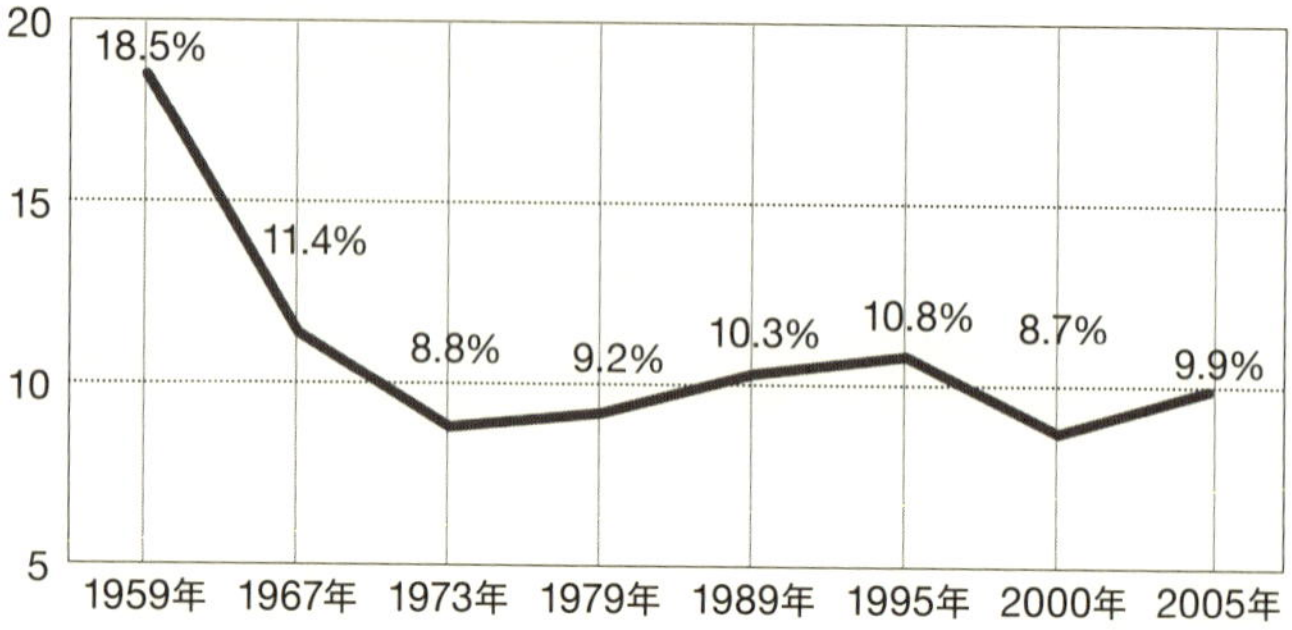

出所：U.S. Department of Labor、U.S. Bureau of Labor Statistics〔2006〕より作成

図表 2-9　収入区分別実質家計収入伸び率
（1947 年 20%以下を 100 とする）

	20%以下	20〜40%	40〜60%	60〜80%	80〜95%
1947年	100	161	219	310	510
1973年	197	325	453	623	972
1979年	209	344	487	670	1,075
1989年	207	362	528	770	1,280
1995年	215	357	530	782	1,338
2000年	231	394	591	881	1,544
2005年	218	384	581	877	1,569

出所：Allegretto, et al.〔2006〕より作成

図表 2-10　収入区分別所得分配率の変化（1979 年〜 2003 年）

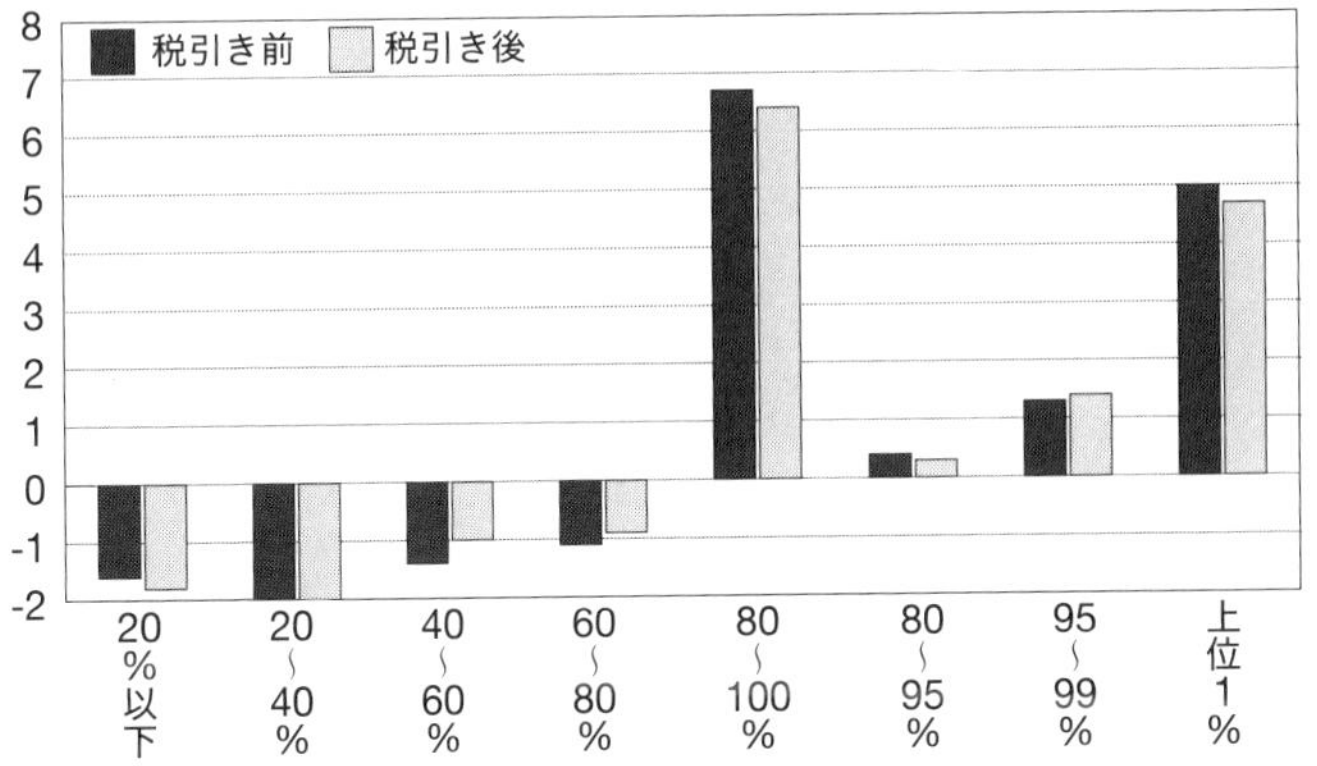

出所：Allegretto, et al.［2006］より作成

二六%だった。しかし、この割合は二〇〇五年に約四三%まで上昇した。つまり、貧困層は減少しているものの、貧困ラインの半分以下の所得しかない人の割合は増えているのである。一九七三年以降、実質家計収入は全体的に伸びている。しかし、下位二〇%の収入だけがほとんど伸びていない（図表2-9）。その一方で、上位二〇%の所得水準の伸びが大きく、その中でも上位一%の伸びが大きい（図表2-10）。ごくわずかな富める者がますます豊かになり、数は減りつつあるものの貧しい者はますます貧しくなっている。

一九七三年以降の学歴別男性初任給をみると、大卒が上昇傾向にある一方、高卒以下が低下し（図表2-11）、学歴が収入に与える影響が大きくなっている。医療保険の加入率は、一九七九年に高卒以下が六三・三%で大卒以上が七七・七%であったが、二〇〇四年にそれぞれ三三・七%と六三・五%となった。ついで、年金加入率は、一九七九年に高卒以下が三六・〇%で大卒以

図表 2-11　学歴別男性初任給および熟練給の推移
（1973 年〜 2005 年）［2005 年換算時間給］

		1973年	1979年	1989年	1995年	2000年	2005年
高卒	初任給	$13.39	$13.50	$10.93	$10.15	$11.10	$10.93
	34-40 歳	$19.14	$19.32	$16.91	$16.22	$16.88	$16.77
	49-55 歳	$20.17	$20.61	$19.07	$18.32	$18.13	$18.22
大卒	初任給	$17.76	$17.79	$18.29	$16.97	$20.51	$19.72
	34-40 歳	$28.66	$27.64	$27.06	$27.74	$30.72	$31.44
	49-55 歳	$29.54	$30.64	$30.43	$30.75	$31.64	$30.70

出所：Allegretto, et al.［2006］より作成

上が五四・六％であったが、二〇〇四年にそれぞれ一八・八％と四九・三％となっている。大卒以上では、一九七九年と二〇〇四年で医療保険と年金の双方で大きな変化がない。その一方で、高卒以下では、医療保険と年金ともに大幅に落ち込んでいるなど、医療保険や年金などの社会保障の享受に関しても学歴の影響が大きくなっている。

大卒と高卒の賃金格差も拡大している。学歴、および労働組合に加入しているか、未加入かで賃金に与える影響を一九七八年以降の時系列でみると大卒は組合加入、未加入でほとんど差がないのに対し、高卒は組合加入による賃金上昇の効果が大幅に低下している。

かつては、社会的弱者をミドルクラスへと引きあげてきたのは、連邦政府の施策であり、労働組合運動であった。しかし政策はもはやワークフェアへと舵を切っている。一方の労働組合組織率は一九七八年で大卒で一四・三％、高卒以下で三七・九％であったものが二〇〇五年には大卒一一・〇％、高卒以下一九・〇％となった。救済が必要なはずの高卒以下の組織率が大きく低下している（**図**

図表 2-12　労働組合組織率と賃金における組合の影響

	1978	1989	2000	2005
大卒	14.30%	11.90%	13.10%	11.00%
組合効果	0.90%	0.50%	0.90%	0.40%
高卒	37.90%	25.50%	20.40%	19.00%
組合効果	8.20%	5.50%	3.10%	3.30%
大卒高卒差	-23.60%	-13.60%	-7.40%	-8.00%
組合効果	-7.30%	-5.00%	-2.30%	-2.80%

出所：Allegretto, et al.〔2006〕より作成

表2-12）。

大卒以上にとっては、組合に加盟しているかいないかで労働条件や社会保障において大きな差がない。その一方で、高卒以下の労働者にとっては労働組合に加盟していることで労働条件と社会保障の向上が獲得できたかつての効果が、近年は大幅に減少している。つまり、労働組合に加盟した効果が実感できなくなってきている。

脱工業化、サービス産業化という産業構造の変化も、高卒以下の労働者の賃金を低下させる圧力となっている。産業別就業者割合は、一九七九年の製造業二七・八％、サービス産業七二・七％が、二〇〇五年に製造業一六・六％、サービス産業八三・四％となった。製造業の就業人口が低下する一方でサービス産業の就業人口は増加している。

製造業とサービス産業の二〇〇五年の時間給を比較してみよう。製造業の平均が二九・三七ドルであるのに対し、サービス産業の平均は二三・五八ドルと大きく差をつけられている。つまり、就業人口は賃金の低いサービス産業に移動しているのである。

その一方で労働組合組織率はどうなっているのだろうか。二〇〇八年の産業別組織率をみると、建設業(一六・二%)、情報通信(一三・七%)、製造業(一二・三)%、小売・卸売(五・九%)、旅行・ホテル・外食・レクリエーション(三・六%)の順となった。これによれば、サービス産業の組織率は、建設、情報通信、製造業などと比べてはるかに低い。[23] 組織率が高い産業の時間給が高く、組織率が低ければ時間給も低いという構図になっている。

近年の労働組合の衰退について、①経済と労働組合勢力の構造的変化、②労働組合選挙を通じた使用者による組合回避、③使用者による人的資源管理的手法を用いた組合代替施策、④政府の労働者保護施策による労働組合機能の代替化、⑤労働者に個人主義が蔓延し、ビジネス・ユニオニズムが労働者個々人のニーズに合致しなくなる、⑥企業の枠を超えた産業別組織強化に対する労働組合の関心の低下、⑦労働者個人ではなく、過半数賛成を労働組合成立の要件とする全国労働関係法の限界の七つが原因として指摘されている。[24]

これらは、経営への協力、産業別組織の強化という労働組合の二つの方向性の中で複雑に絡み合っている。産業別就業者割合では、サービス産業が製造業をはるかに上回り、学歴別では製造業が大卒約一九%、サービス産業が大卒約三二%となっている。一方、製造業では、サービス産業と比較して労働組合組織率が高い。したがって、製造業では、高卒以下の労働組合員の労働条件低下を防ぐことが重要な課題となるのに対して、サービス産業では、低い組織率を改善して産業別の交渉力を高めて学歴差による影響をなくすなどにより労働条件を向上させることが課題となっているのである。

次の章では、労使関係がどのように社会政策的な役割を受け持つようになったのか、そしてそれがどのようなメカニズムで、個別企業の動向が何よりも大切であるという状況に変化してきたのかについて、歴史的経緯も含めて明らかにしていく。

注

（1）そのほか連邦政府公務員を対象とするＦＥＨＢＰ（Federal Employee Health Benefits Program）、州政府公務員を対象とするＳＥＨＢＰ（State Employee Health Benefits Program）がある。

（2）日系自動車企業で一番多いトヨタでも一〇分の一程度。

（3）時価総額／年間売上高、Price to sales ratio、この数値が低いと、売上高以外の数値により株価が影響されていることがわかる。最もよいトヨタが七〇％程度であるのに対し、最も悪いＧＭは一〇％程度しかない。

（4）Candidates push universal plans, Detroit News, June 6, 2003, Record deficit is forecast, Detroit News, June 11, 2003, Bush urges Congress to move quickly on Medicare prescription drug plan, Detroit News, June 12, 2003, Senior on verge of drug relief, Detroit News, June 13, 2003, Medicare drug bill wins bipartisan support, Detroit News, June 14, 2003, Senators report financial holdings, including energy, pharmaceuticals, Detroit News, June 16, 2003, Bush Takes a Walk on Medicare Reform, Detroit News, June 17, 2003, Poll shows fixing Medicare not a top priority, Detroit News, June 17, 2003, UAW chief professes optimism about upcoming labor talks, Detroit News, June18, 2003, UAW won't budge on health care, Forbs, Detroit News, June 16, 2003, Verizon And Its Unions Begin Contract Talks, Detroit News, June 6, 2003, 安井［二〇〇三］。The Kaiser Family Foundation　http://www.kff.org/（二〇〇九年九月一日閲覧）

（5）二〇〇三年九月に在籍する従業員が二〇〇六年一〇月一日に勤続三〇年で退職した場合、年金額は月額三〇二〇ドル。

（6）①勤続三〇年以上の場合、退職一時金三万五〇〇〇ドル（医療保険と年金も保持）、②勤続二七年以上三〇年未満の従業員が勤続三〇年時点での退職を承諾した場合、退職までの期間は勤続年数×一〇〇ドルの付加手当を支給（医療保険と年金も保持）、③勤続一〇年以上かつ五〇歳以上の場合、退職年金を割り増し。（退職一時金なし。医療保険保持）、④勤続一〇年以上、退職一時金一四万ドル（医療保険と年金なし）、⑤勤続一〇年未満、退職一時金七万ドル（医療保険と年金なし）

（7）通常は月曜、金曜、夜間など従業員が休暇をとる場合の穴埋めとして雇用される。UAWに加盟している。

（8）二〇〇七年五月二五日付デトロイトニュース紙、五月二八日付デトロイト・フリープレス紙

（9）荻野［一九九七］六四頁。

（10）藤本［二〇〇三］二二七頁。

（11）谷本［一九九九］一二四頁。

（12）新川［二〇〇九］は、この政府の機能に関し、「国際的には自由貿易を実現しながら、国内的には自由競争の衝撃を和らげる社会的保護システム」であるとして、「埋め込まれた自由主義」と表現した。政府が国境を超える資本の移動を厳しく監督・統制することで、国内需要そのものを管理する。これにより、国内需要管理による労働分配率の上昇は、「国家のナショナル・ミニマムの保障」を意味することになる。これは、「労資関係が非妥協的な闘争から調整可能な交渉へと変わり、結果として労働運動が体制内化され、資本主義内における改革志向が強まった」ものであり、「労資」の現実主義的な選択がもたらした国内需要の喚起による市場拡大によって実現したものである（下川［二〇〇九］五〇―五二頁）。

（13）河村［一九九八］六六―三〇四頁。

（14）朝比奈（近藤）［二〇〇五］六四頁。

（15）河村［一九九八］三〇五―三三二頁。

（16）篠田［二〇〇九］（八二―八四頁）は、CTWを構成する産業別労働組合の内実が「社会的弱者の生活や権利相対を視野に

入れ労働者全体に働きかける「ソーシャルユニオニズム」となっている一方で、リーダーがビジネス・ユニオニズムに立つという矛盾を抱えているとし、草の根活動に傾くＡＦＬＣＩＯと袂を分かったとする

（17） Andy Stern on the New Momen, THE NATION, Nov.25, 2008.（インターネット版、二〇〇八年一一月二六日閲覧）

（18） CWA web cite "2,200 Wireless Workers at Cingular Negotiate Their First Contract" (http://www.cwa-union.org/att-mobility/news/page.jsp?itemID=27099552,http://files.cwa-union.org/National/Cingular/CWAAdvantage.pdf)（二〇〇五年一〇月一日閲覧）

（19） Kochan, et al.〔2007〕pp. 148-149.

（20） Ibid., p. 84, 高橋〔二〇〇五〕三四頁。

（21） ウォン〔二〇〇五〕三六―三七頁。

（22） 子供三人、大人一人の家族の場合、貧困ラインは一万九二二三ドル以下の世帯収入。最低賃金で年四二週間、週四〇時間の労働で得られる収入では「ワーキングプア」は免れない（二〇〇四年）。

（23） UNION MEMBERS IN 2008, United States Department of Labor, Bureau of Labor Statistics.

（24） Katz., et al.〔2007〕pp. 132-135.

［AFP ＝時事］

第3章

ニューディール型を壊したもの

1 ニューディール型労使関係システムの成立と特徴

労働運動戦略の変化

ビジネス・ユニオニズムの誕生　米国の労働運動は、未熟練労働者中心の職業横断的な共同体的なものから始まり、熟練労働者を中心とする運動へ、そしてまた未熟練労働者中心の産業別労働組合へと移行してきた。

初期の労働運動は景気動向に左右された。たとえば、労働組合員数は、経済の発展にともなって拡大し、景気の悪化にともなって縮小するといった傾向がみられた。[1] この変動を克服する方策は、未熟練労働者から熟練労働者に労働組合員の中心を変更することにあった。[2] 経済が縮小して雇用が減少したり、労働組合に組織されていない移民の流入が増加すれば、労働力の買い手側の交渉力が強まる。未熟練労働者はこうした事態に対抗する術がなかった。しかし、熟練労働者は絶えず不足していたた

図表3-1　労働騎士団とAFLの特徴

○労働騎士団―未熟練労働者（移民、黒人労働者の別なし）

未熟練労働者としての立場の弱さから、労働時間短縮による労働条件の向上となる8時間労働制よりも雇用確保を支持。

○ AFL ―熟練労働者中心

技能を持つ熟練労働者としての立場の強さが、労働条件向上を後押し。

出所：著者作成

め、[3] 需給関係から経営者に対抗できる力関係を確保することが可能だった。

米国で最初の労働組合全国組織は一八六九年設立の労働騎士団（The Knights of Labor）である。労働騎士団は職業や熟練ではなく都市を単位として組織された。八時間労働、安全衛生を規制する法制度、児童労働の禁止、鉄道・電信電話の国有化の実現を目指すなど、産業社会の行きすぎに対して労働組合運動や法制化を通じて一定の規制をかける社会改革を志向した。その運動スタイルは、ストライキを支持せずに経営側と調和を目指すというかたちをとった。労働騎士団は一八八六年に労働組合員数が約七〇万人になったのを頂点に、一八八〇年代後半には勢力の中心がアメリカ労働総同盟（AFL: The American Federation of Labor）に移行した。一八八〇年代後半に頻発した激しい労働争議に労働騎士団がくみしなかったことや、組合員が未熟練労働者中心であったため、交渉力が景気変動に左右されたことなどにより支持を失っていったのである（**図表3-1**）。

AFLは一八八六年に設立された。組合員は産業や企業横断的に組織された職業別の労働者である。これにより、景気後退時や労働供給過多時の交渉力が確保されることとなった。AFLの特徴は、社会改革を標榜する労働騎士団や過激な労働争議と一線を画し、生活物資の確保と労働条件の改善に労働運動を限定するビジネス・ユニオニズムを打ち出したことにある。また、AFL以外の労働組合が使用者と交渉することを排除する排他的交渉を推進することで勢力を拡大していった。(4)

労働騎士団からAFLに勢力が移行したきっかけは、一八八六年にAFLが指揮した八時間労働を要求する運動である。AFLは八時間労働を獲得するためにストライキを実施した。しかし、このストライキに労働騎士団は参加しなかったため、労働者の支持はAFLに移っていった。労働騎士団がストライキに参加しなかった理由は二つあった。もともと争議行動を敬遠していたということ、もう一つは、AFLがストライキを実施すれば、その代替要員として労働騎士団の組合員の雇用機会が増える可能性があったことである。しかし、労働者は八時間労働制獲得運動を先頭に立って指揮したAFLを支持した。この運動が勢力移行の象徴となったのである。(5)

科学的管理法・福利厚生事業と産業別労働組合

AFLは、職業別労働組合方式により、未熟練労働者中心の労働組合の弱点を克服したかにみえた。しかし、作業現場で管理手法が変化したため、労働運動に新たな転機が訪れた。

労働組合運動が発展した一九世紀は、製造業市場の拡大に合わせて、より効率性の高い工場制度と大量生産技術が導入された時代だった。この工場制度には「動力による機械の運転、異なる生産工程の一つの場所への統合、精密な分業」という特徴に加え、「監督や職長（フォアマン）に依拠する新しい管理方法」という側面があった。(6)これにより、熟練労働者が未熟練労働者に代替されるという事態が生じたのである。

工場制度では駆り立て方式（Drive-System）が導入された。これは、採用、解雇、異動、昇進、昇給などの決定において比較的大きな権限を与えられた監督や職長が、その権力を背景として労働者の作業速度を速くすることで生産量を高める方式のことである。戦時を除けば未熟練労働者は供給過多の状態にあった。そのため、労働者は職長の恣意的な決定により別の労働者に代替されうるという不安定な状況に置かれていたのである。

また工場制度は熟練労働者をあまり必要としないため、熟練労働者を中心とするAFLの運動に限界が見られるようになった。未熟練労働者が中心の労働騎士団にしても同様の限界があった。工場制度のもとでは、未熟練労働者がストライキを実施しても、労働力が供給過多であれば、ほかの未熟練労働者への代替が容易だからである。(7)

このような状況で労働者がとった対抗手段は、機械の速度を労働者がコントロールすることで作業速度を遅くする怠業と職務を放棄する離職だった。生産量が高まれば市場需要に対して供給過多となり価格が低下する恐れがある。これは、賃金切り下げなど労働条件の低下にもつながる。怠業は、過剰生産を防ぐために、労働者が作業速度を意図的に遅らせてしまうことである。離職は、移動することを通じてより高い賃金や良い労働条件を求めることであった。(8)

離職率が高いとしても、移民労働者が絶えず米国内に流入して未熟練労働者の供給が過剰である場合には、企業経営にとって問題ではなかった。しかし、移民労働者の流入が減少することや、戦時における労働力の不足、市場の急速な拡大で労働力が不足するなどの理由により、経営側は安定的に労働力を確保することが困難な事態に遭遇した。そのため、労働者の怠業を排除して作業速度の統制権を握ることと、離職率を下げて労働者の定着を促進することが経営側の課題となったのである。この二つの課題に対処するため、課業の標準化と基礎賃率の設定による科学的管理法と福利厚生事業を中心とする人事管理が誕生した。(9)

科学的管理法は、時間研究、動作研究により作業量と課業の標準時間を算出し、それに基づいて基礎賃率を決定することによって行なわれる。算出された作業量と課業の標準時間に基づく課業管理では、課業の達成に応じて労働者に高賃金を保障した。これにより、労働者の意欲を刺激して生産性を向上させるとともに、労働者の怠業の余地を排除することが期待されたのである。

科学的管理法の実施には、課業に適する能力訓練を労働者に実施することも必要である。(10) 訓練を受けることで、与えられた課業を効率よく労働者が行なえば、労働者にとっては賃金が、経営者にとっては利益が最大化することになる。(11) このように労働者と使用者の双方に利益をもたらすことで、協調的労使関係が達成されるとした。(12) この科学的管理法の導入により、鉄道、自動車、鉄鋼、ゴム、電機などの大量生産型工業では、未熟練工の数が飛躍的に伸びた。

その一方で、科学的管理法は工場単位一括で課業管理を行なうため、職長の既得権限を奪った。福

図表 3-2　科学的管理法に対する労働組合の反発

○科学的管理法による標準時間の設定が労働強化につながる。

○科学的管理法が必要とする労使協調が労働組合機能をトレードオフする。

出所：著者作成

利厚生事業を柱とした人事管理も、科学的管理法と同様に、職長からの反発を受けた[14]。福利厚生事業を柱とした人事管理は、一九二〇年代に従業員代表制を通じて賃金、労働時間、労働・生活条件などの労使関係上の諸問題に一括して対処することを試みたことに始まる[13]。ここでは、採用、解雇に関する権限を職長から剥奪して人事部に集中させることで、従業員との継続的なコミュニケーションを活性化させることを目指した。

科学的管理方法と福利厚生事業を柱とした人事管理の導入には、職長だけでなく、労働組合も反対の姿勢をとった。課業に適する訓練や福利厚生事業が労働者に享受されることで、労働組合機能がトレードオフされることを懸念したからである。また、作業量と課業の標準時間の算出を経営側が恣意的に操作して労働強化につながる恐れを払拭することもできなかった（**図表3－2**）。

そのため、労働組合には、職長が有する採用、解雇、管理権限が恣意的に濫用されることを防ぐと同時に、人事管理、科学的管理法に対抗することが求められたのである。その具体的な手法が、職務規制、苦情処理制度、先任権制度の三つである。

職務規制は標準作業の内容や作業速度を規定するワークルールに規制を加えるものであり、苦情処理制度は発生した問題を事後的に解決するためのものである[15]。

職務規制の機能は先任権制度によって強化された。先任権制度は、一時解雇、服飾、昇進、配置転換、仕事の割り当て、年金、退職手当、医療保険などの基準として、勤続年数が長い従業員の権利が短い従業員よりも優先されるものである。これにより、経営側が有する人事管理権限に制限を加えることを可能にした。[16]

これに加えて、産業別労働組合が、科学的管理法や福利厚生事業的性格の人事管理、職長による恣意的な経営権の行使などに対抗する手段となった。

そのため、ＡＦＬは、職業別組合の枠組みを拡大し、職種に関係なく加入をみとめる戦略変更を行なうようになった。しかし、職業別の枠が障害となり、規制力を十分に発揮することができなかった。そのため、職業別の枠を崩して産業別組織への改変を志向する勢力がＡＦＬ内部に台頭した。この結果、産業別組合主義を掲げる勢力が分離して産業別労働組合会議（ＣＩＯ）を組織し、その後の労働運動の主流となっていく。

労使間の公正な競争環境の整備

政府は、一九世紀を通じて労働運動を規制する立場にあった。一八〇六年のコードウェイナー事件における判決では、労働組合もしくは労働者の団体を「事業と永続的な利害関係のない者」として事業決定の関与を否定するとともに、労働組合の存在や活動に刑事共謀法理を適用して、賃上げのための活動が適正な市場価格を妨害する違法行為とした。刑事共謀法理を労働組合の存在と活動に適用する流れは、一八四二年のコモンウェルズ対ハント事件の判決でいったん変わり、団結圧力を用いた行動は認められなかったものの、労働組合の存在は法的に正当であるとされるようになった。

その後も、政府は労働組合が行なうストライキやピケッティングなどの争議行為に反対の立場をとり続ける。その理由は、ストライキやピケッティングが意図的な経済的毀損行為であって、労働組合はその損害賠償責任を負わなければならないとする理論からであった。この理論は一八九〇年のシャーマン反トラスト法により強化された。労働組合は労働市場を独占支配するものとして位置づけられたのである。実際にその理論にのっとって行なわれたのが、一九〇八年のダンバリー帽子工事件の判決である。この事件は、一企業の組織化のために実施したストライキを支持するため、北米帽子工労連とAFLが同社製品のボイコットを行なったものである。判決は、北米帽子工労連とAFLのボイコットを二次的活動として否定し、シャーマン反トラスト法にのっとって実際の損害額の三倍の賠償金を課した。

一九一四年のクレイトン法では、第六条で「人の労働力は商品でもなければ、取引の対象物でもない」との見解が示された。しかし、労働者の権利にある程度の理解が示されたものの、労働組合活動は依然として違法とされたのである。それは、「司法機関が労働争議に介入し、裁判官たちが自分の社会的および経済的観点に基づいて結論を下す」[17]場合であり、労働者の権利よりも経済的観点が上位におかれた。

このような社会的、経済的嗜好によって司法が労働運動に介入するような曖昧さを是正する動きが始まり、一九二六年の鉄道法では団結権と団体交渉権が鉄道産業で認められた。次いで、一九三二年のノリス・ラガーディア法は、民間企業の従業員に団結権と団体交渉権を与えるとともに、「連邦裁判所は、暴力行為もしくは詐欺的行為が含まれる場合でないかぎり、労働争議から生ずる事件において、いかなる差止命令をも発し得ない」[18]とする自由放任主義に立ち、司法による労働運動への恣意的な干渉を排除した。さらに、使用者が雇用条件として労働組合に加盟しないことを義務づける黄犬契約についても、連邦裁判所が労働者に義務づけることはないとした[19]。

このような自由放任主義を政府に変更させたのは、一九二九年の大恐慌である。政府は、大恐慌からの回復のためには最低賃金を引き上げることで労働者の購買力を上昇させるという経済刺激策が有効と考えたのである[20]。そのためには、労使間の賃金交渉に関する公正な競争環境が必要であると判断した政府は、一九三三年に制定した全国産業復興法（ＮＩＲＡ）の第七条（ａ）項で、労働者に団結権、団体交渉権を付与した。ここで政府は、労働組合を積極的に活用する方向へ転換したのである。

一九三五年の全国労働関係法[22]（ＮＬＲＡ）では、苦情、労働争議、賃金、賃率、労働時間、その他の労働条件に関し、使用者と協議することをその目的の全部または一部とする、あらゆる種類の組織、代理機関、従業員代表制度を労働組織として定め、その結成や運営に関して、使用者による支配、干渉、財政的支援が不当労働行為に当たるとして禁止した。これにより、使用者主導による労働組合（会社組合）や従業員代表制は姿を消したのである。

図表3-3　3つの段階のマルティ・ユニット・バーゲニング

第一段階	一つの組合もしくは複数組合	同一産業の複数の経営側代表
第二段階	全国組合	二つ以上の工場を有する会社
第三段階	一つの工場内の労働組合	一つの工場内の経営者代表

出所：Bloom & Northrup［1981］pp.157-165 より作成

ニューディール型労使関係システム

三つのレベル　工場制度と科学的管理法の導入をきっかけとする産業別組合主義の伸展は、①二つ以上の工場を有する一つの会社と一つの全国組合との団体交渉、②同一産業における複数の経営側の代表者と単一組合ないしは複数組合との団体交渉、③種々の産業の経営側の代表者と単一組合ないしは複数組合との団体交渉[23]といったマルティ・ユニット・バーゲニング[24]の道を開いた。

同一産業で行なわれるマルティ・ユニット・バーゲニングは、①同一産業の複数の経営側代表と単一組合ないしは複数組合との団体交渉、②二つ以上の工場を有する会社と全国組合との団体交渉、③工場内における労使の団体交渉の三段階となっている（**図表3-3**）。

容易に代替されうるという未熟練労働者の弱点を補強するため、労働組合は中央集権的なマルティ・ユニット・バーゲニングとともに、交渉を工場や事業所などのより小さな単位で行う戦略を志向した。これにより、労働組合は産業別に組織された数の力を行使できるだけでなく、企業側に労働組合側の情報を秘匿することが可能となった[25]。

コーハンらは、マルティ・ユニット・バーゲニングのそれぞれの段階別に政府、労働組合、使用者の視点を入れて整理し、ニューディール型労使関係システムと名づけた。

第一の階層は戦略的な決定を行なうレベル。第二の階層は団体交渉の実施もしくは策定するレベル。第三の階層は人事施策が実施され、労働者個人、監督者、労働組合代表が人事施策により日常活動の中で影響を受ける職場レベルである。

戦略レベルは、団体交渉と労使関係に影響を与える戦略や価値、そのほかの組織特性を取り扱うところである。「使用者」が事業・投資・人的資源管理戦略、「労働組合」が政治・代表・組織化戦略といった利害を持ち、「政府」によるマクロ経済・社会政策によって、三者間の利害が調整される。

団体交渉レベルでは、「使用者」が人事施策、団体交渉に臨む戦略、「労働組合」が団体交渉に臨む戦略といった利害を持ち、「政府」が労働法と労働行政によって関与する。

職場レベルでは、「使用者」が人事管理、労働者参加、職務設計、「労働組合」が協約管理、労働者参加、職務設計、作業組織といった利害を持ち、「政府」は労働基準や労働者参加といった視点で関与する(26)(**図表3-4**)。

三つのレベルの労使の当事者は、戦略レベルが同一産業の複数の経営側代表と産業別労働組合代表。団体交渉レベルが同一産業の複数の経営側代表もしくは単一企業の経営側代表と産業別労働組合代表と労働組合の企業別支部。職場レベルが生産現場の監督者と工場もしくは事業所別の組合代表である(**図表3-5**)。

図表 3-4　労使関係のレベルと各アクターの機能

レベル	使用者	労働組合	政府
長期的戦略と策定	事業 投資 人的資源管理戦略	政治 代表 組織化戦略	マクロ経済 社会政策
団体交渉と人事に関する施策	人事施設 交渉戦略	団体交渉戦略	労働法労働行政
職場と個人	人事管理 労働者参加 職務設計 作業組織	協約管理 労働者参加 職務設計作業組織	労働基準 労働者参加

出所：Kochan, et al.［1986］p.17、Table 1.1 より作成

図表 3-5　労使関係の 3 つのレベル

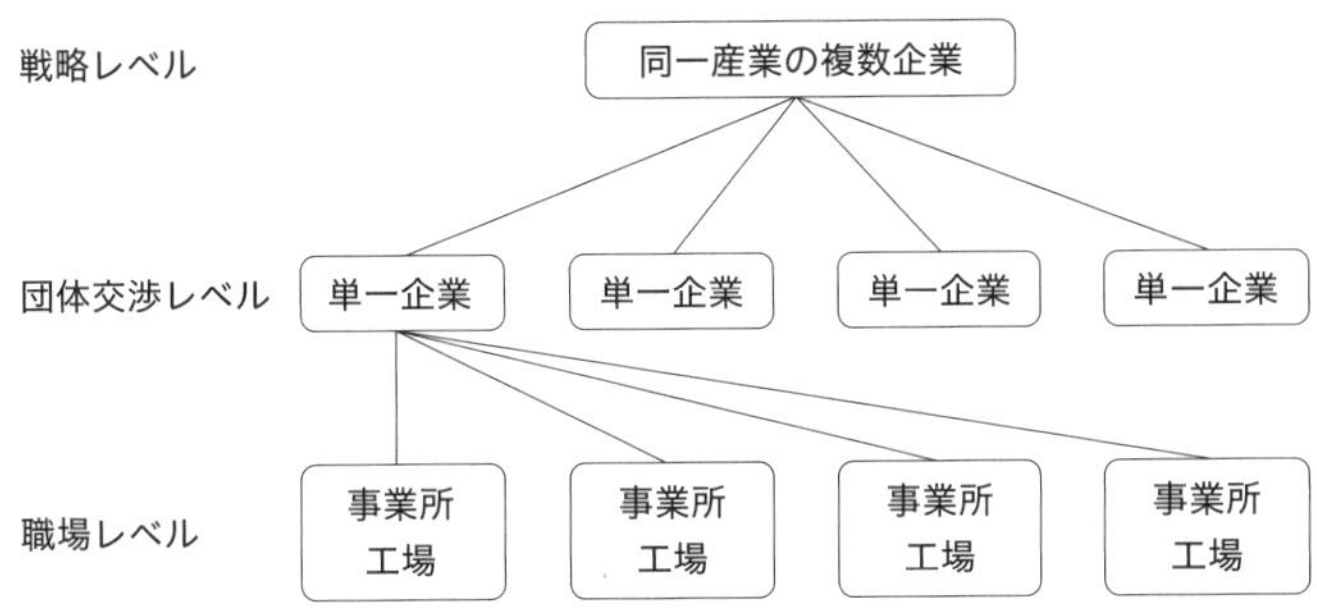

出所：Katz, et al.［2007］pp.178-179 より作成

労使間の合意を取りまとめる労働協約は、団体交渉レベルでは産業や企業を単位とするもの、職場レベルでは工場もしくは事業所を単位とするものがそれぞれ結ばれる。結ばれた労働協約に基づいて日常活動の管理が行なわれるほか、種々の職場に生じる問題への対処や調整が労使間で行なわれる。[27]

政府にとって、①団体交渉を通じた労働運動が労働分配率向上による景気刺激策として活用可能であること、②産業別労働組合主義が進展し、産業を単位とした広範な労働分配率向上策が可能であること、が一九三三年NIRAと一九三五年NLRAの根拠であった。これに基づき、労働組合の設立と団体交渉の実施を積極的に支援したのである。

労働組合による経営権不干渉の進展

労働組合は未熟練労働者を産業別に組織するとともに、小さな交渉単位を活用することで交渉力を高めた。この交渉力を背景に、団体交渉で労働条件の向上を獲得したのである。さらにこの交渉力を活用し、福利厚生事業を柱とした人事管理、科学的管理法、職長の恣意的な経営権の専横といった企業内の職場レベルの問題に労働組合が関与するようになっていった。

このような職場レベルのしくみは、戦略レベルで取り扱われる経営戦略や事業戦略、財務情報などに労働組合が関与しないということに支えられている。その一方、団体交渉レベルは労働条件に関する労使の利害調整に限定されている。

話をAFLからCIOが分離したところに戻そう。職業別組合主義をとるAFLと産業別組合主義

図表 3-6　AFL、CIO、経営者による経営権関与の姿勢

AFL: 熟練労働者中心の職能別組合主義→自らの能力が使用者からどう評価されるかが問題。経営権に関心なし。

CIO: 未熟練労働者中心の産業別組合主義：賃金は企業から与えられた役割で決まる。

賃金決定方法としての企業利益の分配に関心を持ち、経営権関与を試みる。

経営者：未熟練労働者が要求する賃上げ、労働条件向上に応えることで労働組合による経営権関与を防ぐ。

出所：著者作成

をとるＣＩＯでは、経営権との関わり方にどのような違いが現れたのだろうか。

ＡＦＬにとっての交渉力の源は、熟練労働者の能力が未熟練労働者と代替困難であることと、熟練労働者の絶対数が少ないことである。ＡＦＬは、自らの利益を守るための自治権と職業別管轄権、能力評価指標である賃金などの経済的要求に関心があった。

一方、ＣＩＯの主要構成員である未熟練工は、与えられる役割で賃金などの労働条件が影響される。そのため、ＣＩＯは、職務設計や財務などの経営権に関与することで、賃金などの労働条件向上を目指した。

他方、経営側は、経営権に対する労働組合の関与に、はじめのうちは強い抵抗を示した。しかし、政府が団体交渉を支持したことを受けて、賃上げ要求に対しては労働組合側の要求に譲歩する姿勢をとったのである（**図表3－6**）。これによって、経営側にとっては、自治権や職業別管轄権を主張するＡＦＬよりも、労働条件で譲歩し、職場レベルでの関与を許したうえで事業戦略に干渉しないＣＩＯが望ましい相手になったのである[28]（**図表3－7**）。

それではＣＩＯがとった方向性をもとにして、戦略、団体交渉、職場の三つのレベルを整理してみよう。ＣＩＯは、経営側が工場制度と科学的管理法、および駆り立て方式を導入したことで、産業別組合主義を標榜し、ＡＦＬを離脱した。

その後、大恐慌を契機とする政策転換により、ＣＩＯは公正な労使交渉の基盤を得ることになった。ＣＩＯにとっては職場レベルでの経営権関与は重要な意味を持つ。職場レベルで運用される工場制度と科学的管理法、および駆り立て方式により生じうる種々の問題を解決することがビジネスユニオニズムをすすめるうえでも重要な意味を持つ。日常的に労働者の苦情・不満の解決にあたることが求められているからである。そのため、職務規制と先任権制度を行使して経営権に関与することが目指された[29]。団体交渉レベルでは、政府が後ろ盾となって労働条件の向上を行なう団体交渉の実施が保証された。これらの成果の代償として、労働組合は戦略レベルで経営権に対する介入を放棄したのである。

つまり、価格設定や雇用、投資、職務設計、人事管理などの経営権に労働組合が直接に関与する機会が、団体交渉レベルと職場レベルの労働組合の機能とトレードオフされたのである（**図表3－8**）。

図表 3-7　ニューディール型労使関係システムを成立させた要件と 3 つのレベルの機能

○団体交渉を機軸とする労使関係を政府が保障

○産業別労働組合の進展によるマルティ・ユニット・バーゲニングの成立

○ビジネス・ユニオニズム

⬇

戦略レベル：団体交渉と労使関係に影響を与える戦略、価値などの組織特性

⇒同一産業の複数の経営側代表と一組合ないし複数組合

団体交渉レベル：賃金、労働条件などの経済的利益分配

⇒単一企業内の労使

職場レベル：事業所、工場などのワークルール

⇒事業所、工場別の労使

出所：筆者作成

図表 3-8　3 つのレベルの相互補完関係

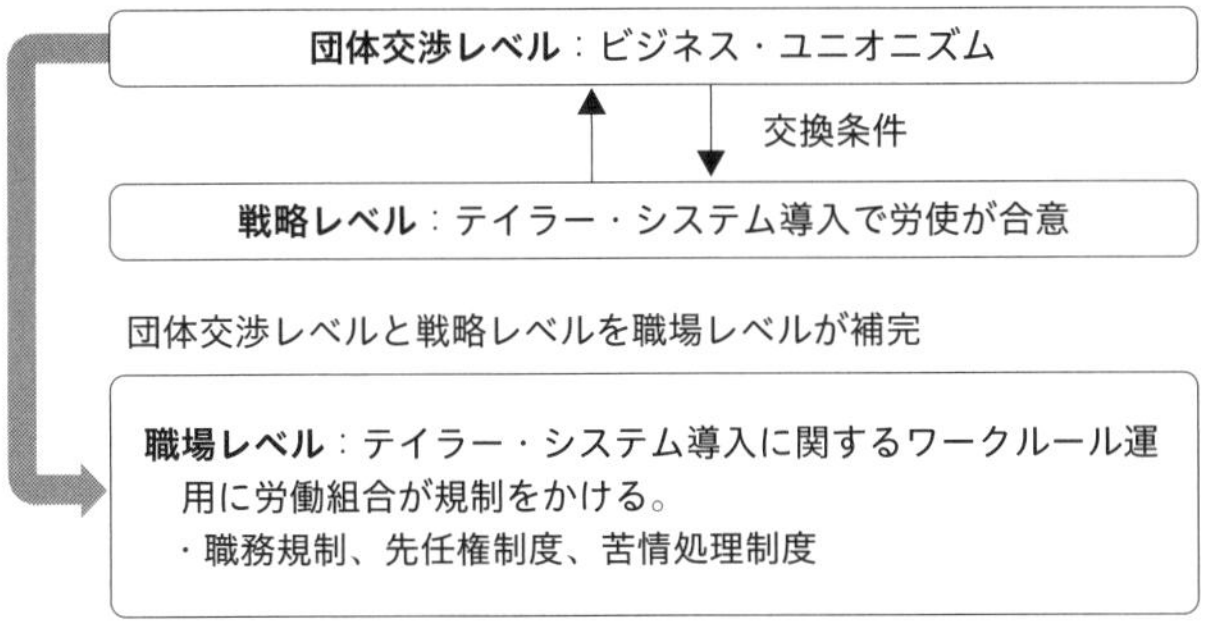
団体交渉レベル：ビジネス・ユニオニズム
交換条件
戦略レベル：テイラー・システム導入で労使が合意
団体交渉レベルと戦略レベルを職場レベルが補完
職場レベル：テイラー・システム導入に関するワークルール運用に労働組合が規制をかける。
・職務規制、先任権制度、苦情処理制度

出所：筆者作成

2 米国自動車産業の労使関係システム

ニューディール型労使関係システムの成立

フォード・システムによる管理

米国自動車産業の労使関係は三つの点でニューディール型労使関係システムの典型としての様相を示している。第一に、工場制度の導入、採用・解雇や運用管理に関する権限の職長への移譲、福利厚生事業的人事管理の導入。第二に、工場制度の導入で未熟練労働者が労働力の中心になったことにより労働組合が産業別組織となり、工場、事業所レベルでの小さな交渉単位を活用することで交渉力を高めたこと。第三に、団体交渉を基軸に行なうビジネス・ユニオニズムにより、労働組合が経営権に対する関与を労働条件の向上と引き換えに放棄したことである。

これら、一般化されたニューディール型労使関係システムと比べて、米国自動車産業の労使関係に固有の特徴をもたらしているのは、フォード・システムである。フォード・システムは、テイラーによる科学的管理法を大量生産に適合させたものである。テイラー・システムは、標準化した職務と時間研究による課業管理を通じ、怠業の防止、課業に適した職業訓練、標準時間と基礎賃率達成に基づく労働者参加による生産性向上を目的とした。一方、フォード・システムは、生産過程を単純動作に分解するという点でテイラー・システムを継承しているものの、ベルトコンベアーを使った流れ作業方式による大量生産システム[30]であり、単純動作に分解された生産過程がベルトコンベアーによって再

図表3-9　フォード・システムを補完する高賃金と企業内福祉

○**テイラー・システム**：標準作業と標準時間を人間がコントロール

○**フォード・システム**
- 分割された作業をベルトコンベアーが再統合
- ベルトコンベアーが作業と時間をコントロール
- 作業分割により未熟練工による対応が可能になる

出所：著者作成

編成される点でテイラー・システムと異なる[31]。

テイラー・システムでは、標準時間と標準作業が設定された課業に対する労働者の能率を使用者が判定することが可能である。一方、フォード・システムは、ベルトコンベアーで接続される組立ライン全体の能率を重視しており、課業の能率はベルトコンベアーの運転速度によってコントロールされる。したがって、個々の労働者の標準作業や標準時間の測定はテイラー・システムと比べると重要ではなく、労働者はベルトコンベアーの速度に合わせた仕事のスピードを維持すればよい[32]。つまり、テイラー・システムでは、標準作業と標準時間の管理と評価が人間によって行なわれるが、フォード・システムではベルトコンベアーが作業と時間をコントロールするのである（**図表3-9**）。

二〇世紀に入り、自動車の需要が増加して生産規模を拡大する必要に迫られたため、自動車産業は工場制度を採用した。一九一〇年には、フォードが初めての自動車工場をミシガン州ハイランドパークに建設している。需要拡大が継続したことにより工場制度が本格的に採り入れられ、最初に機能部品組立工程、次いで車台組立工程と総合組立工程にベルトコンベアーが導入された。これにより、不足していた熟練工が未熟練工に代替可能となった。また、作業速度がベルトコンベアーによってコントロール可能となったことで、大量生産体制が実現した(33)。この結果、ベルトコンベアー導入以前の一九一〇年には六八・一％だった未熟練工比率が、導入後の一九一七年に七八・四％となるなど、少人数の熟練工で対応が可能になったのである(34)。

このフォード・システムはベルトコンベアーが速度を支配して作業を繰り返させるため、労働者は精神的かつ肉体的に大きな負担が強いられる(35)。ここにおいても、工場制度と同様に職長による駆り立て方式が採用されており、採用や配置、ベルトコンベアー速度の決定、解雇などの権限は職長が握っていた。これに対して労働者は欠勤、離職などで対抗し、一九一三年には欠勤率が一〇％前後、労働移動率が三七〇％に上るという状況になったのである(36)。

このような労働者の抵抗に対抗するとともに、未熟練労働者を大量生産システムに順応させて、精神的かつ肉体的に疲弊した労働者のモラールを向上させるといった目的から、フォードでは、福利厚生事業的な人事管理が導入された。一九一四年当時の平均賃金の倍に相当する五ドル賃金、黒人労働者や身体障害者の積極的雇用、移民労働者への英語教育、生活上のトラブルや住宅問題の指導や解決、住宅購入のための資金の貸付、各種保険の整備といった企業内福祉の充実がはかられた(37)。これらの施策は、進展しつつある産業別組合運動に対抗する目的もあった(38)(**図表3-10**)。

五ドルという賃金は未熟練労働者の賃金としては相対的に高かったものの、一九二〇年代初頭のインフレによって優位性が失われた。この結果、労働条件の改善、フォード・システムによる肉体的負

図表3-10　フォード・システムを補完する高賃金と企業内福祉

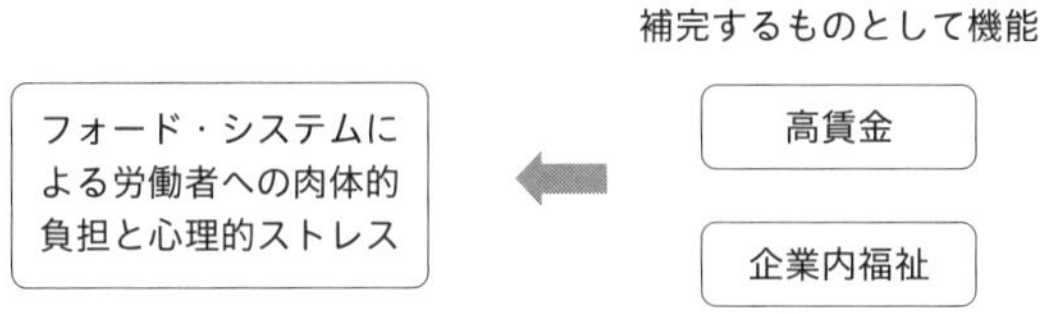

出所：著者作成

担や心理的ストレスの減少、職長の恣意的な経営権の専横への対抗などを目的として、労働組合の組織化の動きが始まったのである。

一九一二年には、馬車・荷馬車・自動車労働組合（CWAU）がストライキを指導し、一九一三年には、世界産業別労働組合（IWW: Industrial Workers of the World）が組織化のための街頭集会を開催した。次いで、一九一九年には自動車労働者組合（Auto Workers' Union）の組合員数が四万人に達することとなった。[39]

急速に発展した初期の労働組合運動であったが、企業内（internal）の課題において、経営側と利害を一致させることに困難をともなった。その理由には、フォード・システムが持つ固有の特徴がある。フォード・システムは、単純動作に分解した生産過程をベルトコンベアーにより再結合する。このため、生産過程が一つの職場集団として機能することが重要となる。したがって、経営側は労働者を職場集団として管理することを試みる。一方、労働組合は職場集団の凝集力を組織化の足掛かりとして、賃率などの労働条件に直結するベルトコンベアーの速度や職務内容の設定などに関与を試みる。[40] このため、経営側は、高賃金および企業内福祉施策を充実する方法によって労働組合の組織化を阻止しつつ職場集団を活用してきた。やがて高賃金と企業内福祉による労働組合抑止力が限界を迎えたが、今度は労働者の監視や暴力を使用した締め付けによって組織化を防ぐ方向に経営側は傾斜したのである。

経営権と職場レベルの規制　一九三二年にフォードがレイオフを実施したことを契機として、労働組合側は、再雇用と医療の無料化などの雇用保障、労働条件向上を訴えるとともに、作業速度を緩めることや労働時間短縮などの経営権に対する介入を試みた。これに対し、経営側は、銃撃なども用いて労働組合を威嚇するとともに、運動に参加した従業員を解雇するなど、経営権に対する干渉に徹底して抵抗した。

一九三三年に全国産業復興法（NIRA）で労働組合の団結権と団体交渉権を容認した政府は、フォードにおける労使の経営権をめぐる対立にAFLを通じて一九三四年に介入した。政府は、強硬な争議行動を中止させる代償として、AFLを支持する自動車産業労働者会議の団結権と団体交渉権を容認したのである。しかし、職業別組合主義に立つAFLの方針が、未熟練を中心とする自動車産業の労働者の志向する産業別労働組合主義と齟齬を起こした。そのため、一九三五年にはAFL内部に産業別組織委員会が発足し、AFL大会で自動車産業労組設立宣言が出されることになった[41]。同年の全国労働関係法（NLRA）の設立をはさみ、一九三六年に全米自動車労働組合（UAW）が発足してAFLの職業別組合主義から分離する動きが加速した[42]。その翌々年の一九三八年には産業別組織委員会がAFLから追放されるかたちで産業別組合会議（CIO）を発足してUAWと合流していった（**図表3－11**）。

図表 3-11　産業別組合会議(CIO)の分離と全米自動車労組(UAW)の合流

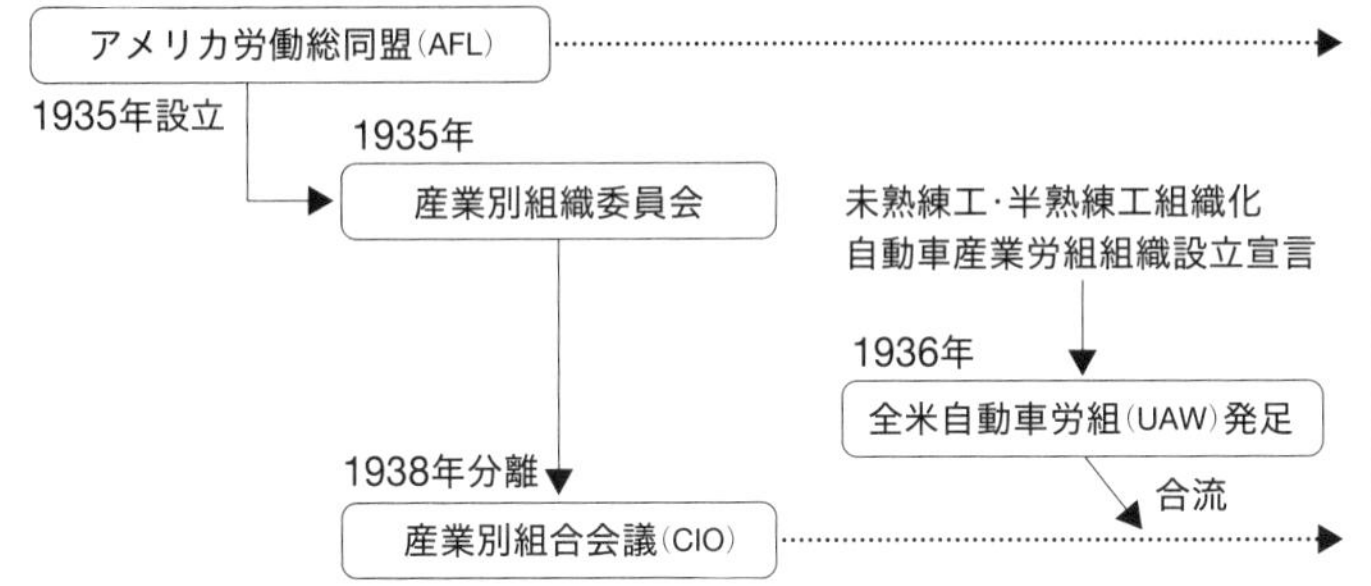

出所：著者作成

前記のような経緯で産業別労働組合を志向するようになったUAWは、フォード、GM、クライスラーの三社すべての組織化を目指すこととなった。そのなかでもフォードは、NLRA施行後も強硬に抵抗を続けたため、UAWはGMの組織化を優先した。一九三六年から一九三七年にかけ、UAWがGM・フリント工場を皮切りに各工場でストライキを実施した結果、一九三七年にはGMがUAWを正式に承認した。同年にはクライスラーもUAWを承認した。GMとクライスラーがUAWを承認した際の労使の合意事項は、賃上げ交渉の実施、先任権制度の承認、ライン速度に関する客観的な研究調査の実施などであった。[43]これにより、UAWは、労働条件の向上と職場レベルにおける経営権の専横に対する規制の双方を獲得したのである。この成果に引き続き、UAWは、戦略レベルにおいても経営権に対する関与を試みていくことになる。

フォードは、GMとクライスラーで行なわれたような職場レベルにおける労働組合の経営権に対する介入を防ぐため、労働組合の組織化に強硬に抵抗した。そのため、UAWはフォードの全国労働関係法（NLRA）無視と暴力行為について、全米労使関係委員会（NLRB）に訴えたのである。これを受けて、政府は一貫して団結権と団体交渉権を支持した。その結果、NLRBは、フォードに対して、「労働者への暴行の停止」「一方的な解雇の停止」「労働組合組織化の弾圧の中止」を命令した。次いで、一九四一年に、米国最高裁がNLRBの命令を支持・確認し、UAWが実施した同年のストライキを経て、最終的にフォードはUAWを承認することとなったのである。フォードとUAWが締結した最初の労使協定では、ユニオン・ショップ制、チェック・オフ制度、GM、クライスラーよりも高い賃金水準に加え、職場レベルでの経営権を規制する先任権制度と、苦情処理制度の創設が確認された。[44]

UAWによる経営権に対する介入は職場レベルにとどまらず、戦略レベルへの拡大が試みられた。第二次世界大戦の遂行に協力するため、UAWは賃上げ要求を抑制していたが、戦後の急速なインフレの進展に対応する目的に加え、戦争中の賃上げ抑制分を回復させるため、大幅な賃上げの獲得を目指した。ここにおいて、GMに対しては三〇％の賃上げ要求を行なうとともに、自動車価格の設定にUAWが介入して賃上げ原資を確保するために財務情報の公開を経営側に求めた。自動車産業は、需要過多の売り手市場であり、経営側は賃上げ分を容易に自動車価格に反映することが可能だったため、[45]GMは一五％賃上げという好条件をUAWに提示し、戦略レベルにおける経営権の介入を招く恐れのある財務情報の公開については拒絶した。UAWとしてもストライキ資金が枯渇したという状況もあって、賃上げなど労働条件の一般的改善と引き換えに経営権に関与することを放棄し、一九四六年に決着した。この事件がＵＡＷの路線変更の転機となったのである。

団体交渉レベルの強化と三つのレベルにおけるヘゲモニー

パターン交渉による団体交渉レベル機能の強化

一九四五年から四六年にかけた戦略レベルにおける経営権干渉の試みが頓挫したことにより、ＵＡＷは、賃上げをはじめとする労働条件の一般的改善のみに終始するビジネス・ユニオニズムに傾斜した。[46]

この流れのなかで、消費者物価指数の上昇に比例して基本給に生計費手当を加算し、四半期ごとに調整する生計費調整手当（ＣＯＬＡ）や、労働者個人が一年間に達成する生産性向上を見込んだ賃上げ（ＡＩＦ：Annual Improvement Factor）などが一九四六年の労働協約に取り込まれた。一九五〇年には三〇年勤続労働者に毎月一〇〇ドルを支給する企業年金制度がフォードとＵＡＷの労働協約で創設され、同じ年、ＧＭでは五〇％の企業負担による入院・医療保険制度が創設された。[47]一九四六年以降、団体交渉ではビジネス・ユニオニズムを追求する一方、経営権に干渉しない方向性が形作られ、パターン交渉により強化された。

未熟練労働者は他の未熟練労働者と容易に代替可能であるため、交渉力において経営側と比べて圧倒的に弱い立場にある。その脆弱性を補完するものが産業別の組織や交渉単位を小さくすることとパターン交渉である。米国自動車市場では、一九二〇年代からＧＭ、フォード、クライスラーの三社が市場シェアを独占していた。その状況で、労働組合側は一九四一年のフォードを最後に三社を組織化

図表 3-12　自動車産業の労使関係の3つのレベル

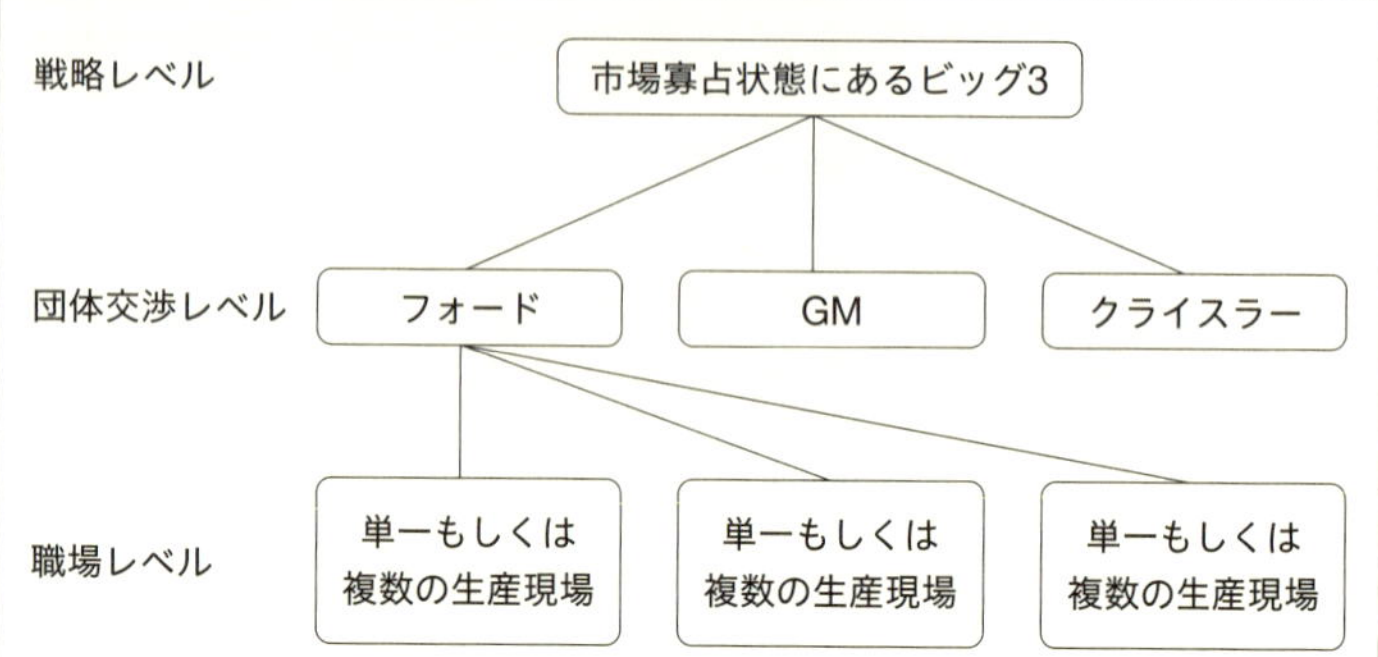

出所：著者作成

し、産業別の組合が完成することとなった。

一九五五年に産業別組合主義のCIOと職業別組合主義のAFLが合併したことで、大規模な組織力を背景に、労働組合が労働条件決定にかかわる影響力を強めていくことになった[48]。これにより、労働組合は産業別に大規模化して複数の事業場をカバーするマルティ・ユニット・バーゲニングが可能となったのである[49]。自動車産業においては、このマルティ・ユニット・バーゲニングがパターン交渉の下地となった（**図表3－12**）。

パターン交渉（Pattern Bargaining）は、同一産業内におけるマルティ・ユニット・バーゲンニングの一形態である産業範囲の交渉（industry-wide bargaining）である[50]。

第二章で前述したようにパターン交渉により、UAWは三社同様の成果を獲得できるのであり、経営側にとっては、三社間で労務コストが平準化されるという副産物がもたらされた[51]。

三つのレベルのヘゲモニー　パターン交渉は、自動車産業において産業を単位とする団体交渉機能を強化した。労働分配率の向上を目的とする団体交渉レベルは、政府が行なうマクロ経済政策および社会政策を具現化する場でもある。換言すれば、団体交渉レベルは政策的な期待がもっとも高い場所である。

一方、未熟練労働者を中心とするUAWは、経営側との交渉力を確保するため、全国労働関係法に基づく政府の支持に加えて、産業別組合主義と交渉単位を小さくするという戦略をとる。容易に代替しうるという未熟練労働者中心の産業別労働組合の脆弱性を補うため、戦略レベルにおける「企業戦略、投資戦略、人的資源戦略」と職場レベルにおける「監督のスタイル、労働者参加、職務設計と作業組織」といった経営権への介入をUAWは試みてきた。これに対し、経営側は戦略レベル、職場レベルの双方で強硬に抵抗した。そのため、UAWは、戦略レベルでの経営権に対する介入から後退し、団体交渉レベルでの経済的要求の獲得と、職場レベルでの経営権に対する介入に限定する戦略に変更した。経営側は、UAWを承認するにあたって、労働条件向上による労務コスト上昇分を製品価格に転嫁し、職場レベルでは職務規制、先任権制、苦情処理制度など、UAWによる規制を受け入れた。そのため、UAWの関心は、労働条件向上などの獲得した成果が、労働時間の延長や労働強化そのほかの職場レベルにおける労働条件の悪化に添加されることを防ぐことに移っていった。[52]

この結果、労使関係システムにおける、戦略レベル、団体交渉レベル、職場レベルは、経営権に対する介入方法と労働条件の向上に関して、相互に機能を補完し合うことで安定したヘゲモニー[53]を保つ

図表3-13　フォードシステムの受容（労働組合の消極的経営協力）

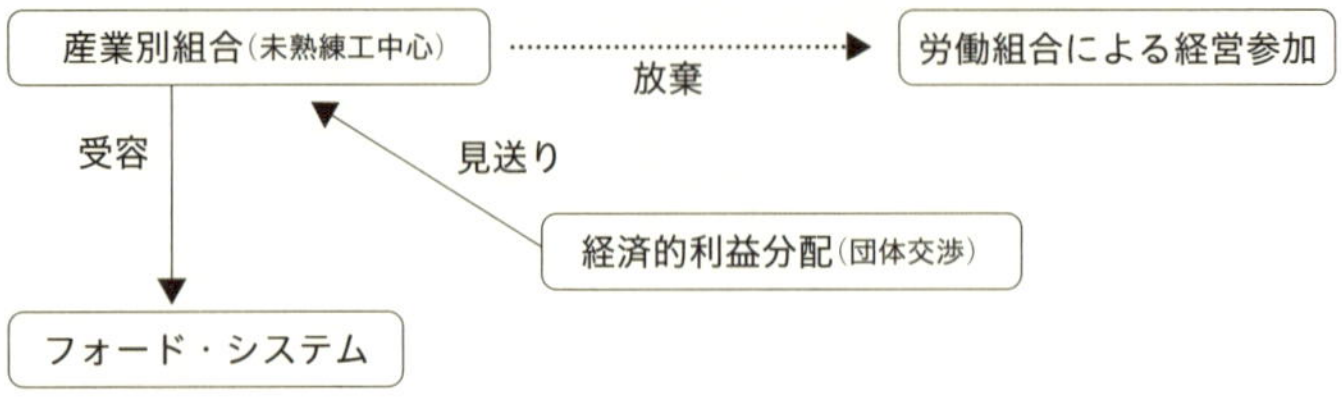

出所：著者作成

という姿になったのである。このヘゲモニーを整理すると次のようになる。

戦略レベルで、使用者側はフォード・システム維持を前提とした企業戦略および人的資源戦略を採る。ＵＡＷは、賃金その他の労働条件の獲得が可能であるかぎりは戦略レベルでの経営権に対する干渉を行なわない。これによって、団体交渉レベルでは、使用者側はフォード・システム運営を前提とした人事政策をＵＡＷ側に提示するとともに、労務コストの上昇を製品価格に反映させることで労働条件向上に応えるという交渉戦略を採る。一方、労働組合側は賃上げなどの経済的利益の分配と引き換えにフォード・システムに基づく人事政策を受け入れる。

次いで、職場レベルでは、使用者側は戦略レベルと団体交渉レベルで確認したフォード・システム運用に適した監督スタイル、職務設計、作業組織を規定するワークルールを設定する。労働組合側は団体交渉レベルで獲得した労働条件の向上が労働時間の延長や労働強化へと利用されることを防ぐために職務規制と先任権を利用する。職場レベルでＵＡＷが行なう経営権に対する規制は、職務内容に対応する賃率設定、各職務への配置、昇進、配転、解雇、再雇用などのワークルールに関与する職務規制、勤続年数の長い労働者が異動やレイオフなどに関して優先される先任権[54]に加え、事後的に生じる問題について対処する苦情処理委員会によって行なわれる。これら、UAWによって行なわれる経営権に対する規制は、工場や事業所を単位として結ばれるローカル労働協約によって確認される。苦情処理委員会は労働組合側が選出する職場委員と現場の労働者を監督する職長が最初に協議し、解決に至らない場合は、組合執行委員または組合交渉員とミドルマネジメント、ついでトップの組合役員とトップマネジメントというように段階があがっていく。[55]苦情処理制度で取り扱う事項は、職場レベルの人事管理、労務管理運営上の問題であり、企業戦略や経営戦略等の経営権に関する問題には踏み込まない[56]（図3−13）。

これら三つのレベルは、団体交渉レベルにおいてUAWが経済的利益の獲得が可能であることが前提となっている。戦略レベルでUAWに経営権の介入を放棄させたのは、団体交渉を通じた労働分配率の向上を支持する政府の存在と職場レベルでUAWが獲得した経営権に対する規制力である。つまり、三つのレベルは団体交渉を基軸としてヘゲモニーの均衡が保たれていたのである。

3 フォード・システムの限界

QWLの導入

米国自動車産業の労使関係システムは、戦略レベルで労使がフォード・システムを維持することを合意し、団体交渉レベルでは労働組合がビジネス・ユニオニズムに徹し、職場レベルでは使用者側がフォード・システムを運用するために作成したワークルールの運用に労働組合側が規制をかけるという構造を特徴とした。このような、フォード・システムを基軸とした労使の選択的な利害調整が、三つのレベルの機能に相互補完的役割をもたせている。そのため、フォード・システムの継続が困難となれば、それぞれのレベルの基盤が変化せざるをえない。

UAWが獲得した経済的利益は、一九四六年のCOLA（消費者物価指数の上昇に応じて基本給を四半期ごとに調整する）とAIF（労働者個人が一年間に達成すると見込まれる生産性向上分に対応した賃上げ）、一九五〇年の企業年金制度（勤続三〇年以上の労働者に毎月一〇〇ドルを支給）と入院・医療保険制度（企業が医療費の五〇％を負担）、一九五五年の公的失業保険に対する付加給付、一九六一年のプロフィット・シェアリング、一九六四年の勤続三〇年退職制度、一九六七年の所得保障クレジット・プラン、一九七〇年の生計費調整額の制限率の撤廃、賃上げや企業年金給付額の引き上げなどであった（**図表3－14**）。

これらは、他産業や他大手製造業と比較すると格段に労働者に有利であるにもかかわらず、労働者

図表3-14　UAWが獲得した経済利益

・1946年	COLA、AIF（GM）
・1950年	企業年金制度（フォード）
・1955年	公的失業保険への付加給付
・1961年	プロフィット・シェアリングの導入
・1964年	公的年金給付開始前でも30年勤続して60歳以上であれば企業年金が支給される勤続30年退職制度の導入と休日・休暇日数の増加
・1967年	所得保障クレジット・プラン
・1970年	生計費調整額の制限率の撤廃。
・1973年	年齢制限のない勤続30年退職制度と残業上限時間の設定
・1976年	個別有給休暇制度と退職者への歯科治療プログラムと家族眼科治療プラン

出所：著者作成

は組立ラインで作業の退屈さに対して反抗するようになった。一九七二年にはＧＭの工場で山猫ストライキ[57]が起こるなど、フォード・システムに対する労働者の反抗は経済的利益で代替できないという事態となった。これは、使用者のみならず労働組合の予期しないものであり、経済的利益以外の代替措置を講ずる必要に迫られた。それが、労働者生活の質（ＱＷＬ：Quality of Work Life）の向上運動である[58]。

一九六〇年代に労働組合未組織企業が生産性向上を目的として、職務充実やジョブローテーションなどにより作業現場の監督者と労働者の信頼関係を築こうとしたことがＱＷＬの起源であるとされる。未組織企業が行なったＱＷＬをＵＡＷに組織化されている自動車企業の職場レベルに導入した場合、フォード・システムの運用や職長権限に規制をかける労働組合機能と、作業現場の監督者と労働者の信頼関係を築くというＱＷＬの機能がトレードオフの関係になる。そのため、ＵＡＷは導入に反対の立場をとっていた。しかし、組立ラインでの作業の退屈さに対するサボタージュや、産業別労働組合としての統制を損ねる山猫ストが頻発するようになり、労使双方に危機感をもたらした。なぜなら、フォード・システムの維持が難しくなる危険があったからである。

一九七三年、GMとUAWはQWL実施のためのガイドラインを労働協約に取り込んだ。このガイドラインはUAWが作業環境改善に参加することを規定したものであり、フォード・システムの運用や職長権限に規制をかけてきた職場レベルの労働組合機能を変えるものとなった。このガイドラインに基づき、一九八三年にかけてGMはQWLを生産現場に順次取り入れた。ここでは職務拡大や職務充実による再設計、自律作業集団の導入などにより、細分化、単純化、固定化、硬直化していた職務の見直しが行なわれた[60]。また、従業員援助(Employee Assistance)や安全衛生、実習などの分野で、労使が経営にコミットメントを持って共同参画し、生産現場の民主化、および意思決定プロセスと生産プロセス両面に労働者が参加する機会が確保された[61]。QWLの具体的な成果は、従業員参画による監督者数と、管理コストの削減のほか、品質の向上などである[62]。QWLは、経済的利益だけではフォード・システムの非人間性を代替できないという問題の解決を労使共同で試みたものとなった[63]。

しかし、QWLが生産性と品質の向上を達成する一方で、人員削減などの合理化をもたらす可能性も否定できない。さらに、職務拡大や職務充実は、細分化かつ限定された職務区分というフォード・システムの特徴を基盤とする職務規制の前提と矛盾し、UAWにとって職場レベルにおける経営権に対する規制力が失なわれる恐れがあった。そのため、一九六〇年代と同様に、QWL導入に批判的なローカル・ユニオン幹部も少なくなかった[64]。それは、フォード・システムの運用や職長権限に規制を

図表 3-15　QWL 導入がもたらす労働組合の規制と矛盾

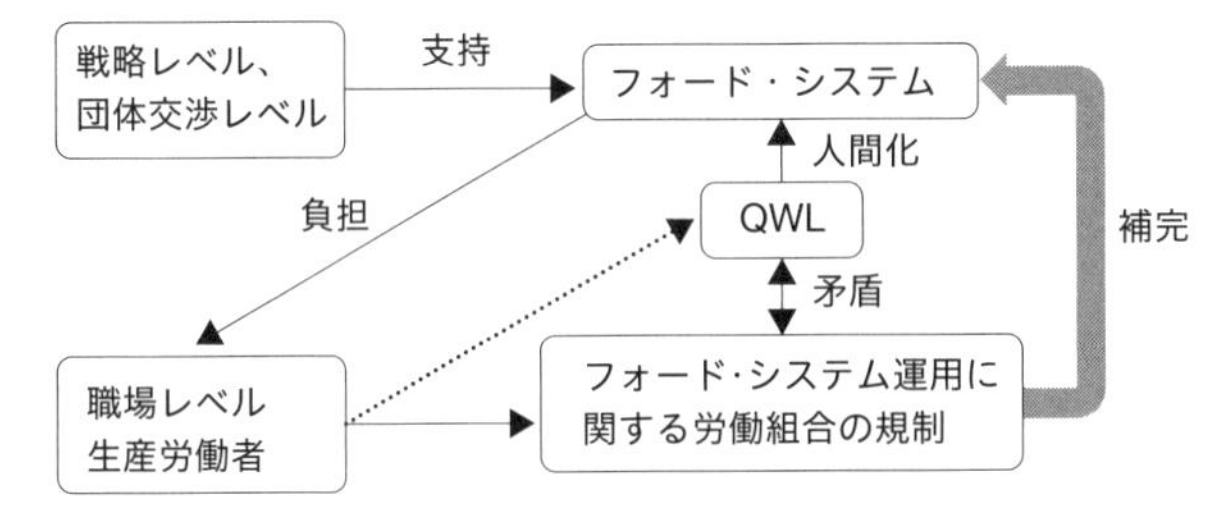

出所：著者作成

かける労働組合機能と、作業現場の監督者と労働者の信頼関係を築くというQWLの機能がトレードオフの関係になるという懸念があったからである。この懸念は現実となった。（**図表3-15**）。

非人間的側面を持つフォード・システムに人間性を取り戻すことは生産現場における職務規制や先任権を放棄することにつながる。職務規制や先任権を職場レベルの労働組合が放棄すれば、団体交渉レベルのビジネス・ユニオニズム、戦略レベルの経営権不干渉という三者の補完関係のバランスが狂う。これにより、QWLはフォード・システム維持を基盤とした労使関係の枠組みに自己矛盾をもたらしたのである。

労使関係システムの脆弱性

労働組合側は経営権に対する介入を放棄する代償として、労働条件の向上を獲得してきた。労働条件の向上は、市場寡占状態の中で製品価格にその原資を上乗せすることで達成される。戦略レベルでの労働組合側の経営権に対する干渉の放棄は、職場レベルで使用者側の労務管理に関する決定権に規制を加えることにより補完されている。この枠組みの中で、戦略レベル、団体交渉レベル、職場レベルそれぞれの労使はフォード・システム維持を基軸としてきた。

この枠組みは二つの意味で脆弱性を含んでいた。第一は、米国自動車メーカーの市場寡占の持続可能性である。寡占状態が続くかぎり、製品市場価格交渉力は米国自動車メーカー側にある。したがって、労働組合側の発言権を経済的要求に限定させておくための原資を失うことはない。すなわち、寡占状態の持続がこの枠組みを機能させるための必要条件となっているのである。第二はフォード・システムそのものが持つ問題点である。フォード・システムは生産過程を単純動作に分解し、ベルトコンベアーによってそれらを再結合するという特徴があるため、労働者は生産過程における意思決定から排除される。このため、フォード・システムは導入当初から非人間的であり肉体的かつ精神的に過酷な負担を労働者に強いるものであった(65)。職場レベルにおいて職務規制や先任権制度、苦情処理制度などを導入すること通じ、労働組合側はフォード・システムの運用上の問題点の克服を試み、他産業よりも比較的に高い賃金や労働条件を獲得してきた。だが、フォード・システムが生産過程における意思決定から労働者を排除するという根本的な非人間的問題は解決されないままに先送りされた。また、生産過程における意思決定からの労働者の排除は、職場レベルで労働組合がフォード・システムの運用を規制したことによって補強された。テイラー・システムは労働者が参加する余地を残していたが、フォード・システムは、ベルトコンベアーによって職務を単純動作に分解することで、もともと労働者が参加できる範囲が狭かったところに、労働組合が運用について規制をかけたことによって、ますますその余地がなくなったのである。つまり、柔軟な働き方や、労働者参加が競争力の源泉となる場合、生産過程における意思決定からの労働者の排除と職場レベルでの労働組合の規制というニューディール型労使関係システムそのものの特徴が脆弱性へと転換してしまう危険を孕んでいたのである。

4 ヘゲモニーの移行と矛盾

職場レベルの新しい規制

GMランシング工場では、一九九三年の全国労働協約と同時期にローカル労働協約の改定が行なわれた。ここでは職種数の大幅な削減が労使で合意されたことに合わせて、それまで職長に裁量があった同一部門内の持ち場変更権限が先任権によって決定されるという変更が行なわれた[66]。

GMシュリープポート工場では、一九八四年のローカル労働協約で、就業時間後に行なわれる週一回のチーム・ミーティング出席に五割増の時間外手当が付けられるなど、チーム運営に関する労働組合側の権限が強化された。チーム・ミーティングは管理職の最下層で二〜三チームを束ねるジェネラル・テクニシャンと労働組合員で時間給労働者のチーム・コーディネーターおよび一般労働者から構成され、チーム・コーディネーターが司会を務める。管理職であるジェネラル・テクニシャンの出席をチーム・メンバーが拒否できることや、チーム・ミーティングの決定が経営側によって変更されないこと、チーム・リーダーの選任・解任権限がチーム・メンバーにあることなどがローカル労働協約で確認され[67]、ランシング工場と同様に、チームワーク制度導入の代償として職場レベルの労働組合権限が強化されている。

チームに所属する労働者は、同じチームの他のメンバーと同一のラインの中で上流のサプライヤーと下流の顧客という相互依存の関係にあり、所属するチームは他のチームと相互依存の関係にある。

この点に関し、バブソンは、チームワーク制度が労働者に権限委譲や生産現場の民主化をもたらすものではなく、労務管理の強化策であるため、新たな規制をかける必要があるとする。チームワーク制度に労働者が参加することで、自発的に品質と生産性向上に取り組むことができるのであれば、フォード・システムの非人間的側面を改善して、誇りと満足を感じさせる働き方を回復させる可能性を持つ。しかし、少ない労働者数で品質と生産性向上、コストの削減を達成することを経営側が望むため、作業時間、トレーニング、工具、労働力といった資源が不十分であれば、労働者に自発的に取り組む意欲を失わせ、肉体的、精神的なストレスを容易に生み出しうる。したがって、チーム・メンバーが相互に依存する連携関係であるチームワーク制度の運用を誰がどのようにコントロールするかが、職場レベルにおける労働組合の規制に関する新たな課題となる。経営側は、工程の設定、欠勤者の補充、故障修理や訓練、ジョブローテーションのスケジュール管理などについてチームのリーダーシップを完全に掌握しようと試みる。一方で、労働組合側は問題の分析から意思決定までの権限委譲を目指し、チーム・リーダーの選抜とチーム運営に関する権限を握ろうとする[68]。これらが新たな争点となることは明らかである。
労働組合主導によるチーム運営は、チーム・メンバーへの権限委譲やチーム運営の民主化を促し、人間性が回復された働き方が達成される可能性がある。しかし、それだけでは、戦略レベルにおける労使の意図通りの品質・生産性の向上、コスト削減が達成される保証がない。戦略レベル、団体交渉レベルと職場レベルの間で労使の利害が対立する可能性があるが、その場合に労働組合が組合員利益と企業競争力向上のどちらを優先するかは、企業をとりまく経営環境の影響が大きい。このため、経営側に協力の姿勢をとることが必ずしも労働組合員の利益に結び付かないことを理由として、UAWに反対する勢力であるNDM(New Direction Movement)が一九八六年に結成された。[69] NDMは、ローカル・ユニオン支部長や役員ポストのいくつかを獲得したほか、UAW中央執行委員会に役員を送り込むことにも成功している。これに対し、UAW中央執行委員会はローカル組合の役員改選時に対立候補を擁立して、労使協調路線を堅持することを試みている。[70]
二〇〇三年のクライスラーにおける全国労働協約では、職務区分の拡大に加え、チームワーク制度に対応した作業工程により、生産性向上を目指すという付帯事項がつけられた。これに基づき、職場レベルでローカル労働協約を締結することが期待されたが、ほとんどのローカル・ユニオンから反発を受けた。[71] ローカル・ユニオンの懸念事項はチームワーク方式導入による生産性向上が人員削減という合理化に跳ね返ってくること、職務区分の削減が先任権の意味を失わせるということなどであった。[72]
経営者側、UAW中央執行委員会、企業別UAWの合意にも関わらず、一九九三年から一九九四年では組立工場でチームに属する労働者は二三%にすぎなかった。[73] クライスラーでは、戦略レベルと団体交渉レベルで労使が合意したチームワーク制度の導入を全国労働協約に織り込むことに加え、ローカル労働協約でルール化するように強制している。フォードも二〇〇三年の全国労働協約の中で職務数の削減とチームワーク方式の導入を確認したが、いくつかの工場でワークルールの変更を含んだローカル労働協約が組合員から否決されている。ミシガン州ウェイン郡の三つの工場を束ねるローカル900は先任権を残すことを条件に職務数を最大で四〇までに削減することを認めたものの、チームワーク方式と従業員の柔軟な運用を行なうことを可能とするローカル協約を最終的に結んだのは、全国労働協約締結から一年以上を経た二〇〇四年一一月になってからであった。[74]

労使関係の枠組みの変化によって生じた一つ目の矛盾は、従来の労使関係システムで行なわれてきた慣性を持続させる職場レベルの労働組合と、新しい働き方の導入に対応しようとする戦略レベルの労働組合の対立によって生じている。すなわち、戦略レベルの主導によって職場レベルにチームワーク方式や労働者参加が導入されて、労働組合による職務規制が緩和される一方で、生産現場で依然として発生するさまざまな問題に対処するため、職場レベルの労働組合が新たな職務規制を生み出す動きがあり、それが新しい働き方の導入の阻害要因になっているのである。

変化への不適応

クライスラー・ジェファーソン工場(デトロイト市)は一九八六年にMOAsを採用した最初の工場と

なり、チームワーク方式、柔軟な作業組織、新しい保障プラン、品質管理権限の移譲、技術および問題解決能力に関する訓練への重点的な投資が行なわれた[75]。一九九二年にジェファーソン・ノース工場として建て替えられ、チーム・コンセプト、職務区分の削減、知識・能力給の導入を柱とするMOAsを本格的に開始するための準備として教育訓練の機会が労働者に与えられたが、労働者のリテラシーの低さから混乱があった。一九九三年の操業開始に際し、能力発展給(CPP:capability-progression-pay)、管理者と組合員共通の駐車場とカフェテリア、全職員のネクタイ着用無し、などが導入された。しかし、能力発展給が早期に最高段階に達して頭打ちになったこと、先任権制度が復活したこと、生産性向上が残業に依存して技能訓練の時間が削減されたこと、さらに、導入した提案制度で実際に採用されたものがほとんどなかったこと、また、労働者の平均年齢が米国の組み立て工場で最も高かったこともあり、労働者が問題解決活動に向かう時間と気力を失い、コミュニティカレッジ卒以上の高学歴で若い労働者に置き換えられた[76]。

デラウェア州GMウィルミントン工場は一九八〇年代にGMで最も近代化された工場の一つとなったが、生産性と品質の向上の効果が得られなかった。その原因には、工場の近代化に合わせて、チームワーク方式やジョブローテーションなどを導入することによる作業組織の変更が行なわれなかったということがある。提案制度やオフラインの問題解決チームが導入されたが、従業員からの提案が採用される率が低く、問題解決チームへの従業員の参加率も低かった。ところが、その後に行なわれた作業工程の改善だけで労働力を増やさずに高い生産性や在庫数の圧縮を達成し、GMで最も生産性の高い工場となったのである。[77]

ジェファーソン・ノース工場は変化への不適応を示す典型事例であり、ウィルミントン工場は労働者参加を導入せずに既存のGM工場で高い生産性を実現した事例である。[78] どちらも職場レベルにおけるチームワーク制度や労働者参加などの導入は進んでいない。ジェファーソン・ノース工場は新しい働き方に適応できない労働者が退出することになり、ウィルミントン工場では新しい働き方が品質においては効果があるものの、生産性については必ずしも関連性がないことを明らかにした。

職場レベルの新しい規制の限界

ウォマックらが理論化したリーン生産システムは、生産現場、研究開発、サプライチェーン、顧客対応というサブシステム間と内部が相互に連携しあい、トータルシステムとして機能するものである。[79]

このリーン生産性システムは、生産現場におけるフォード・システムの非人間的側面が克服されていないとの指摘がある。[80] リーン生産性システムのサブシステムの一つである生産現場では、労働者が連携しあうことを目的に、職務区分の削減、職務拡大、多能工化、チームワーク制度、ジョブローテーション、労働者への権限委譲が行なわれた。チームワーク制度では労働者がサプライヤーと顧客の関係に置かれることにより労働者間の連携が強制され、競争と緊張が強いられる。これにより、作業工程における緩衝装置が取り除かれて、問題発生に対する予測ができなくなる。結果として、問題を事前に押さえ込む職場レベルの労働組合の規制力を低下させるのである。[81]

このため、パーカーとスローターは、「経営側による一方的な職務内容の変更に制限を加える」「欠勤者を補充する労働者のカテゴリーを設置する」「チーム・リーダー選出権限をチーム・メンバーが持つ」「労働者の柔軟な運用に対する先任権による職務規制力を持つ」「チーム・メンバーの休暇取得に関する自由裁量権を付与する」「臨時工の権利を常勤工と同じにする」「労働組合事務所を経営側の事務所から離す」「客観的で比較的にフラットな賃金構造を維持し、監督者によって評価される賃金システムに反対する」といった新しい規制を作り出すことで職場レベルの労働組合の活路を見出す方法を提案している。パーカーとスローターは、第一に、生産現場の労働者間の連携が労働者相互の競争と緊張をともなうなど新たな労働の非人間性をもたらし、第二に、作業工程の緩衝装置を取り除くリーン生産システムの導入が問題の発生を事前に防ぐ職務規制を機能不全にすると指摘した。[82]

マクダフィーは、リーン生産システムが生産現場の労働者に権限を委譲する可能性を報告しているが、UAWに組織化されているミシガン州フラットロック市のマツダ(Mazda Motor Manufacturing Co.)の工場労働者への聞き取り調査、および労働組合の組織化を防いだインディアナ州ラファイエト周辺のスバル・いすゞ(SIA)の調査で、労働者の権限委譲に関連する提案制度やジョブローテーションが生産効率や品質に影響しないことを報告している。[83] また、デラウェア州GMウェルミント工場の事例においても、提案制度やオフラインの問題解決チームの運用が不十分であっても、生産性の上昇が達成できることが明らかになっている。つまり、労働者の権限委譲に関連する部分はコスト削減や生産性と品質向上に対して重要度が低い。そのため、コスト削減などの経済合理性を優先すれば、労働者に権限を委譲することで労働の非人間性の克服を試みる視点は弱くならざるをえない。結果として、労働組合が経営に協力することで労働の人間性回復に関与する役割から職場レベルの労働組合を遠ざけてしまうのである。

労働組合の経営参加の範囲

米国車の品質は飛躍的に上昇を続けており、J・D・パワーの二〇〇五年初期品質調査では車種別でトップ3となった車の数でトヨタ、ホンダ、ニッサンの合計(二二)とGM、フォード、ダイムラー・クライスラーの合計(二四)がほぼ同数となった。米国自動車メーカーにとっての課題はこの品質向上をどのように販売に結びつけるかである。この調査での品質とは、「故障しないこと」であり、顧客満足に直結しているわけではなく、また必ずしも販売台数の引きあげにつながっているわけではない、この点に関連し、UAWゲッテルフィンガー会長は、「品質、生産性の向上は我々が達成した。売れる車を開発するのは経営者の責任だ」と発言している。(84)

UAW-GM人的資源センターが作成した行動指針(Action Strategy Summary December 1999)では、顧客中心主義やサプライヤーとの連携の重要性が指摘されている。しかし、他のサブシステムに労働組合員がほとんど存在していないため、労働組合が実際に関与できる経営協力は生産現場に限られている。ダイムラー・クライスラーで、労使が協同で作成したマニュアルの記載も生産現場に焦点が絞られている。

生産現場における品質と生産性向上のための技術革新の進展が生産現場における新しい働き方に関するUAWの関与の度合いを低めている可能性もある。

この事例は、トヨタ自動車のグローバル展開にみることができる。一九五七年に米国トヨタ自販を設立して米国進出の足がかりを作ったトヨタは、一九八八年にケンタッキーに現地生産工場を設立し、一九九二年にはトヨタ・サプライヤー・サポートセンター（TSSC）を設立して、北米トヨタ、系列サプライヤー、外部企業向けにトヨタ生産方式の普及活動を開始した。[85] TSSCは同時に、北米市場に企業文化を移植する役割を担った。一九九六年にはトヨタ・モーター・マニュファクチュアリング（TMMNA）が設立され、北米地域における統一的な人材管理と企業文化の移植を統括した。[86] 二〇〇一年には、グローバルレベルにおける統一的な企業理念として「トヨタウェイ2001」の英語版を従業員に配布し、二〇〇二年には、世界各拠点のミドルマネージャー以上を対象とした教育訓練機会であるトヨタ・インスティートを開始した。二〇〇三年には、グローバル生産推進センター（GPC）を設立し、海外拠点の生産現場のリーダーに対する実地研修の実施と、PCなどを使った標準作業の世界統一マニュアルの作成を開始した。トヨタ生産方式を北米市場のみならずグローバルレベルでの移植を容易にする公式化、標準化が進められている。[87] 加えて、品質と生産性の向上を設計段階で作りこむ割合を高める動きがあるなど、[88] 生産現場以外に経営側の関心が移行しつつある。

つまり、経営側の関心が生産現場以外に移行しつつある一方で、労働組合による経営側への協力が生産現場に留まるということが、経営参加による影響と効果を限定的なものとしているのである。

労使関係システムにおけるヘゲモニーの移行

ニューディール型労使関係システムにおける三つのレベルは、戦略レベルが労使共同の経営参加、団体交渉レベルが労働者参加を行なうためのワークルールに関するガイドラインの明文化、職場レベルが新しい働き方の実施というかたちに変化しつつある。この変化は、戦略レベルと団体交渉レベルが労働条件に関する産業別の集権度を低めることで、個別企業の経営実態に合わせて分権化してきたことを背景とする。これは、これまで職場レベルの労働組合が享受してきた職場規制力に戦略レベルと団体交渉レベルが制限を加え、労働者参加を行なうためのワークルールの設定権限を企業単位に集権化することで可能となった。このことは、これまでの労使関係システムを崩すことを意味した。すなわち、戦略レベルで労働組合が経営権関与を放棄する代償として、団体交渉レベルでのビジネス・ユニオニズムと職場レベルでの職務規制によって均衡していた労使関係システムの三つのレベルにおけるヘゲモニーが崩れたのである。団体交渉レベルでは経済的利益分配の役割が低下し、戦略レベルと団体交渉レベルが個別企業の経営実態に対応する役割へと同義化するとともに職場レベルの労働組合の権限を剥奪するという方向に変化したといえる。

このようなヘゲモニーの移行がある一方、従来の機能が慣性的に継続しているため、生産現場の従業員参加に職場レベルのローカル・ユニオンが反発し、ワークルール運用に新たな規制をかけることで労働者参加に制限を設けるという抵抗がみられる。新しい働き方の導入がフォード・システムの持っている負担からの解放とはならず、肉体的・精神的ストレスを労働者にもたらすもので、それゆ

図表 3-16　労使関係の新しい枠組みと役割

	ニューディール型	新しい枠組み	実質の役割
戦略レベル	フォード・システム維持で労使が合意	労働組合の経営参画	戦略レベルと団体交渉レベルが労使共同経営参画として、同意義化
団体交渉レベル	ビジネス・ユニオニズム	経営参画に関する労使合意事項の明文化	
職場レベル	職場規制	ローカル労働組合と事業所経営者との団体交渉により、ワークルールに規制をかける労働協約が締結	団体交渉レベル

出所：Kochan, et al.［1986］P.17, Table 1.1, を参考に作成

えに新たな規制が必要であるとの認識もある。さらにそれは、作業工程の緩衝装置を取り除くという新しい働き方の特徴が発生した問題を事後に調整する従来型の職務規制を困難にしていることでもある。

新しい働き方の導入は戦略レベルの労使が合意しているものの、労働組合の経営参加と従業員参加は組合員が在籍する生産現場にとどまる。労働組合員がほとんど在籍しない研究開発、サプライチェーン、顧客対応といったリーン生産システムにおけるサブシステムでは労働組合が経営権に関与することができない。そのため、サブシステム間を統合するトータルシステムとして労働組合が経営協力を行なえる体制となっていない。しかし、その一方で、労使がサブシステムすべてにおいて共同で経営を行なうサターンのような事例は全社的な統一性を損ねるとして、戦略レベルの労使双方から排除されるのである。

戦略レベルと団体交渉レベルでは、個別企業の経営環境に応じて労働条件と働き方をコントロールすることで労使が協力体制にある。一方、職場レベルの労働組合は生産過程の意思決定に直接

関与することになるために問題の事前把握が難しくなる。その結果、たとえば、作業工程の緩衝装置を取り除く新しい働き方の導入が肉体的・精神的ストレスをもたらすとしても、労働組合は生産過程の意思決定における当事者となっているため、事前に対処することを難しくさせてしまう。そのため、職場レベルの労働組合にとって、新しい働き方の導入を容易に受け入れることを難しくさせてしまうのである。したがって、これらの問題を解決するための措置が必要となる。このためには、全国労働協約が職場レベルのワークルールを変更するためのガイドラインを指示するだけでは不十分である。たとえば、新しい働き方の導入がもたらす肉体的・精神的ストレスの発生や作業工程の緩衝装置を取り除くことによって発生するであろう負荷の軽減、労働条件の向上、社会保障の充実、雇用保障などが考えられるが、今のところ明確に提示されていない。市場競争の激化にともない、個別企業の経営環境も厳しさを増す中、労働条件の向上、社会保障の充実、雇用保障で経営側が労働組合に報いることは難しい状況となっている（図表3-17）。

この問題を解決するための一つの方法は、事業所別の特殊性を普遍化して全国労働協約にその内容を織りこむことでローカル労働協約の機能をカバーすることである（図表3-18）。

もう一つの方法は、人事部機能のあり方にある。この点に関しては、第二次世界大戦期以降の人事部権限の拡大と縮小についてのジャコビーの報告が参考になる。第二世界大戦期は「人事機能の成長を促す三つの要因（労働力不足、労働不安、政府の規制）[89]」により、団体交渉に備えた賃金体系と、賃金体系を正当化する職務評価制度を構築する人事部の役割が重要になった。第二次大戦後もまた、政府と労

図表 3-17　労使関係の企業別集権化と職場レベルの反発

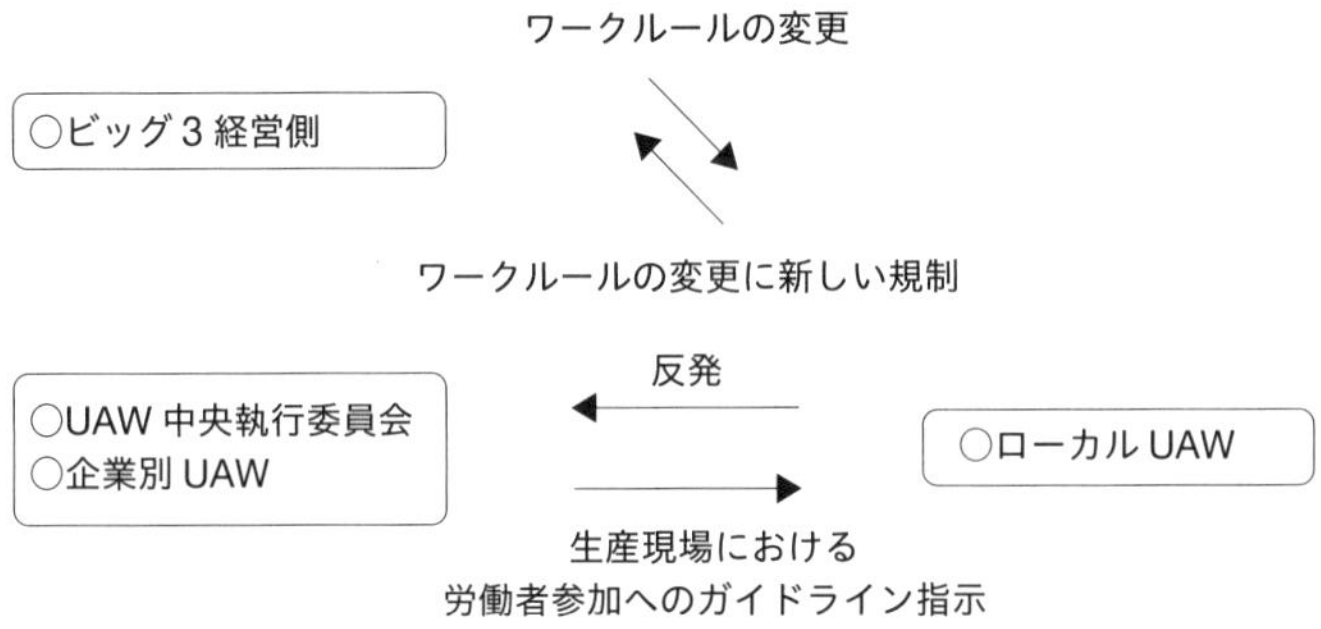

出所：著者作成

働組合による規制力が強化されるとともに、所有と経営の分離により誕生した専門経営者が株主の圧力から自立し、経済の安定性と公正な処遇を従業員に提供する社会的な責任を行使するため、人事部の機能が重要視されるようになった。また、団体交渉と労働協約の締結に関連する労使関係と報酬管理、教育訓練、コミュニケーション、動機づけなどを扱う従業員関係という区分において、定型的要素が大きくなってきた労使関係に対して従業員関係の重要度が高まり、従業員関係を取り扱う人事部機能の役割が大きくなってきたとする。

一九五〇年代、六〇年代は企業の多国籍展開の進展と歩調を合わせて、分権的複数事業部制に企業組織が転換するとともに本社人事部が設置された。しかし、分権的複数事業部制の運営効率化のために財務機能の地位が向上し、人事部門の役割が低下する危機を迎えた。一九七〇年代になると、一九六〇年代末に株価が下落したことで財務部門の地位が低下した。その一方で、単調な労働に労働者が反抗したこと、および政府が規制を強化したことに対処するために本社人事

**図表 3-18　労使関係の企業別集権化と
ワークルールの補完的措置**

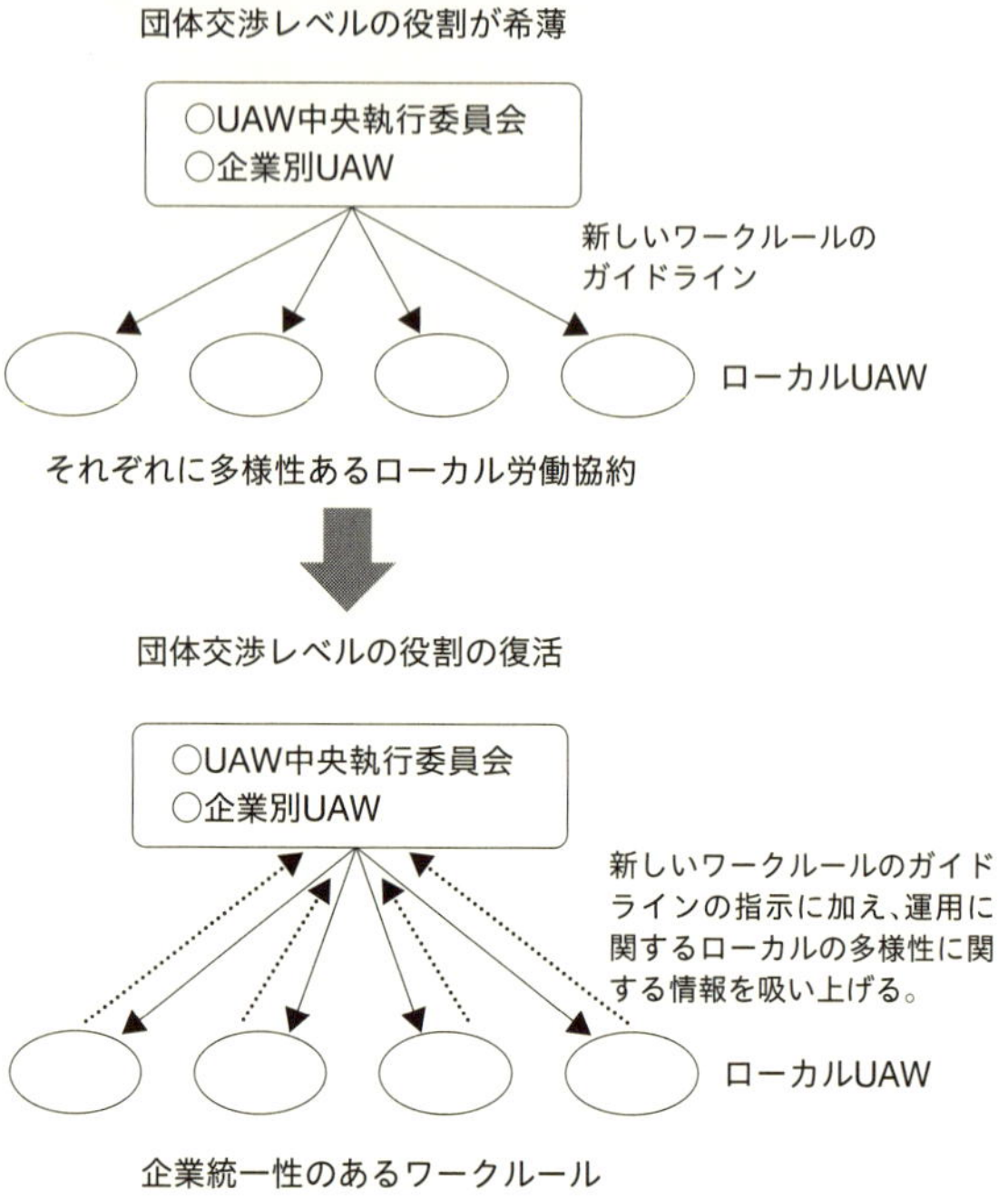

出所：著者作成

部の権限が強化され、人事管理上の権限を事業部のライン管理者に委譲する傾向が弱まった。この傾向は一九八〇年代に入って再逆転する。政府による規制緩和が企業経営に対する株主発言力の増大を招き、少ない人員で可能とする業務の再設計と本社規模の縮減による人事部組織の削減、管理体制の簡素化、分権化による従業員の採用、評価・給与支払い権限の事業部(ライン管理者)への移行が進展してきた[90]。

新しい働き方の導入がもたらす肉体的・精神的ストレスの発生や作業工程の緩衝装置を取り除くことによる問題への対処といった経営側の役割がライン管理者に委ねられているままでは、職場レベルの労働組合による抵抗を取り除くことは難しい。全国労働協約がローカル労働協約の機能を取り込むだけではなく、ライン管理者に委譲された権限を再び本社人事部に集権化したかたちで協議決定することが必要である。

5 労使関係と従業員関係

二元性

フォード・システムに人間性を回復させる一九八〇年代のQWL活動の試みは、ニューディール型労使関係システムの三つのレベル相互の機能に矛盾を引き起こした。

QWLに続き、一九九〇年代に生産現場に導入されたリーン生産システムは戦略レベルのUAWと

図表3-19　リーン生産システム：戦略レベルの受容と職場レベルの反発

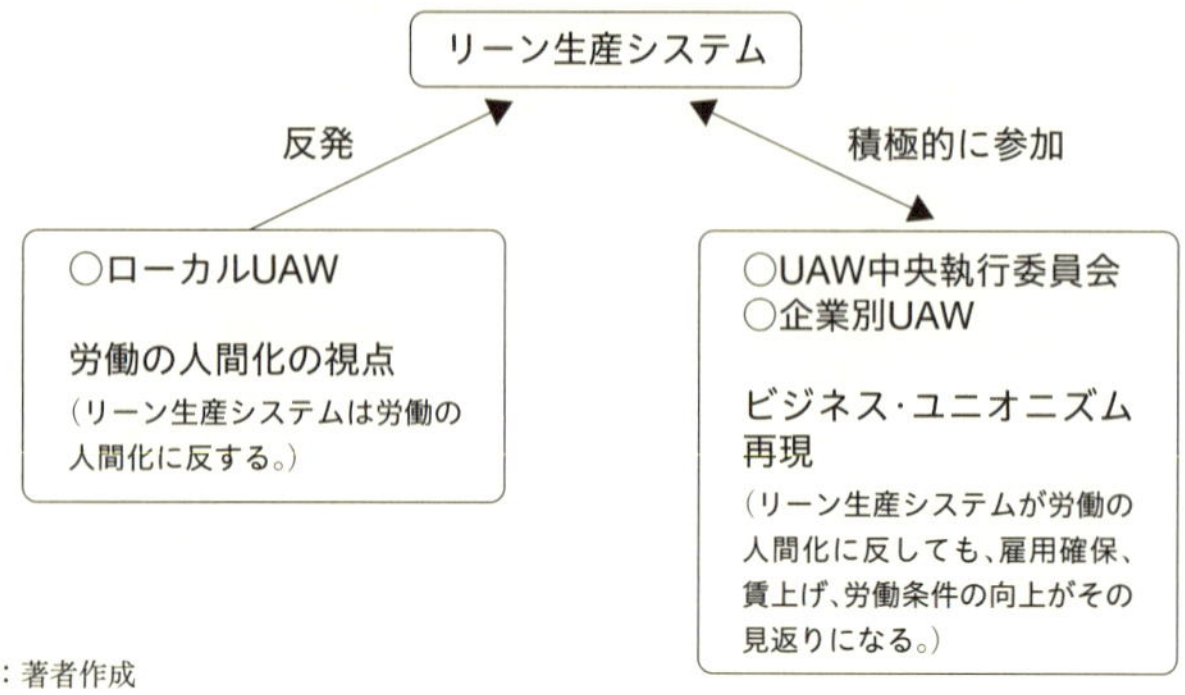
リーン生産システム
反発
積極的に参加
○ローカルUAW
労働の人間化の視点
（リーン生産システムは労働の人間化に反する。）
○UAW中央執行委員会
○企業別UAW
ビジネス・ユニオニズム再現
（リーン生産システムが労働の人間化に反しても、雇用確保、賃上げ、労働条件の向上がその見返りになる。）

出所：著者作成

経営側により、市場競争力の回復をもたらすものとして期待された。しかし、職場レベルのローカル・ユニオンからは、新たな負担が強いられることに加えて、これまでの労働組合機能が制約を受けるとの反発がある（**図表3-19**）。

　雇用保障とビジネス・ユニオニズムが達成できたからといって労働の人間化についての課題は消えない。熾烈な市場競争の内部では、どこまで労働の人間化が確保され、どこまで労働者が自らを犠牲にするかという折り合いは競争相手とのバランスによる。このバランスのなかで、労働の人間化に傾くか、経営参加によって自らを犠牲にする方向に傾くかが決定される。労使関係の枠組みは、人間らしい生活の実現という職場外も含めた労働の人間化と、企業利益に貢献するワークルール、企業の国際市場競争力の三者のバランスのうえに成り立っている（**図表3-20**）。

　このバランスを確保するためには、労働の人間化と市場競争の間の対立的なトレードオフの関係を解消する必要がある。

図表 3-20　労使関係の社会政策的意義の再構築

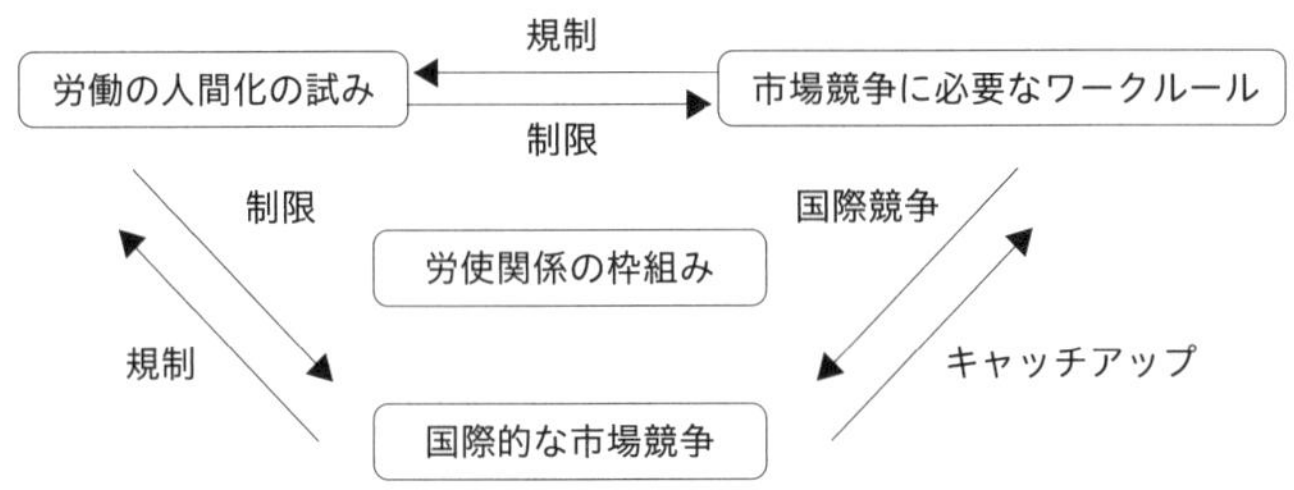

出所：著者作成

戦略レベルと団体交渉レベルのアクターであるUAW中央執行委員会と企業別UAWはワークルールの変更に関するガイドラインをローカル・ユニオンに提示することで競争力の強化を目指す。これにより、職場レベルのローカル・ユニオンの権限が奪われるが、生産、人事はライン、事業所に委ねられているままである。

この点に関し、「労働諸条件の決定をめぐる対抗的な関係（労使関係）」と「経営者—従業員の関係（従業員関係）」との二元性[91]が存在する可能性がある。

戦略および団体交渉レベルのUAWは、職場レベルのローカル・ユニオンに対して、対抗的な関係から従業員関係への転換を促した。しかし、これにより職場レベルのローカル・ユニオンの交渉力が失われつつある。ローカル・ユニオンは、事前に起こりうる問題を把握して職務規制や先任権によって経営権に関与するとともに、事後的に生じる問題には苦情処理制度で補完してきた。ところが、団体交渉レベルが個別企業の経営環境に対応して調整を行なう場となってきたため、職場レベルにおける規制力も制限されるようになったのである。結果として、従業員関係が優先し、労使関係の役割が後

図表 3-21 ニューディール型労使関係システムの変更された枠組みとふさわしい枠組み

	ニューディール型	変更された枠組み	ふさわしい枠組み
戦略レベル	産業全体でフォード・システム維持で労使が合意	労働組合の経営参画（生産現場におけるリーン生産システムの導入）⇒産業別の足並みを重視（UAW 中央執行委員会の権限が保存されている）。	市場競争への対応にあわせ、戦略レベルでは企業別 UAW の権限を強化させ、UAW 中央執行委員会の持つ産業統一的な機能を弱める。
団体交渉レベル	産業単位のパターン交渉に基づくビジネス・ユニオニズム	経営参画に関する労使合意事項の明文化（リーン生産システムに基づくワークルール変更に関するガイドラインの提示）。	ワークルールの変更に関し、市場競争力と労働の人間化の双方の課題を調整するための企業統一的な団体交渉機能を強化する。
職場レベル	職場規制	ローカル労働組合と事業所経営者との団体交渉により、ワークルールに規制をかける労働協約が締結。	労働の人間化と市場競争強化のためのワークルール変更を同時に取り組むをことを目的とした労働者参加を実施し、問題点は団体交渉レベルにあげる。

出所：Kochan, et al.［1986］P.17, Table 1.1, を参考に作成

退してきているなど、労使関係と従業員関係の二元性に顕在化してきたといえるだろう。しかし、企業競争力の向上をもってしても雇用保障が確保できない場合、従業員関係の基盤が崩れることが懸念される。経営協力を進めてきたUAWにとって、労使関係と従業員関係の二元性にどのように対処するかが重要な意義を持つようになってきている。

この状況を解決するための第一の方法は、職場レベルがワークルール運用の問題点に関する情報を収集して団体交渉レベルに報告するとともに、団体交渉レベルにはローカル・ユニオンの行なってきた職務規制などの機能を付加し、労働の人間化と市場競争強化の対立的なトレードオフ関係を解消することで、団体交渉レベルが労使関係と従業員関係の二元性に関する調整を行なうことである（**図表3-21**）。

生産現場、研究開発、サプライチェーン、顧客対応といったサブシステム間の連携を高めることにより、トータルシステムとして企業経営を機能させるというリーン生産システムの実現にどれほど関与できるかということも、労

図表3-22　トータルシステムを可能とする条件

○企業統一的な労働の人間化と市場競争力強化の調整
・団体交渉レベルの復活、強化
・産業別から企業単位の労使関係の枠組みへ
（UAW中央執行委員会は企業内の調整機能へ）
○すべてのサブシステムへ労使関係の枠組みを広げる
・企業単位の労使関係の枠組み重視
・労働組合対象労働者の拡大
（ブルーカラーとホワイトカラーの別の解消）
・労働の人間化と市場競争強化に関する経営側の理解

出所：著者作成

働組合にとっては重要な課題である。このためには、生産現場にとどまる労使関係を生産現場以外のすべてのサブシステムに拡大して同様の枠組みを構築し、機能させる必要がある。そのため、ホワイトカラーにも対象を広げ、企業全体をトータルシステムとする中で労働組合運動を位置づける必要があるだろう（**図表3-22**）。

米国自動車メーカーにおける労使関係の枠組みは、フォード・システムからリーン生産システムへとその機軸を変えたことにより変化した。しかし、リーン生産システムを導入して市場競争力を獲得することと、労働の人間化を実現することという双方の点において依然として不十分である。労使対等の交渉力が労働の人間化のみならず市場競争力強化にも寄与することが必要である。自動車産業において国際的な市場競争が今後もより一層の激しさを増すという条件の下では、産業を単位とする労使関係の枠組みが企業単位へと分権化されることは不可避であり、企業単位のサブシステムを含めたトータルな統合性がより重要となってくる。同時に労働運動開始当初からの課題である労働の人間化と市場競争力を企業単位の労使関係の枠組みのなかでバランスをとっていく重要性が増すことにもつながっている。米国自動車産業の労使は、それに対する具体的な対応策を形成する課題に直面しているといえる。

労使関係の分権化

一九八〇年代以降の米国自動車産業でみられた品質と生産性向上のためのUAWと経営側の歩み寄りは、労使関係の分権化という国際的潮流のなかでもとらえることができる。

稲上毅は、協調的あるいは共同決定的企業別関係が比重を高めることにより、産業別に集権化（マクロ集権化）していた労使関係が形骸化して、労使関係が企業別に分権化（ミクロ分権化）するとした[92]。その原因として、「国際競争がいよいよ激しいものになり同一産業でも（ときに事業所）間で大きな業績格差、経営戦略の差異化が生じたこと、働く人々が自らの発言権と自由裁量を強く求めるようになったこと、労働時間の短縮の具体的な設計と運用には企業・事業所レベルでの協議交渉が欠かせないこと、同じ必要がニューテクノロジーの導入と労働組織の変更などをめぐっても生じたこと、賃金管理で『個別化』が進んだこと、労使関係上の経営側の発言力が高まったこと」などをあげる[93]。そのうえで、「労使関係の分権化と企業別労使関係の『成熟化』傾向は八〇年代の多くの西欧先進工業国にかなり共通した現象[94]」であるとする。

また、田端博邦は、「グローバルな市場における激しい企業間競争のもとで品質と効率、市場変動に対応するフレキシビリティを最大化すること」が「労働者の企業内統合を促進する可能性が高い」として、「労使関係の分権化・企業内化の進展」の動向と関連しているとする。[95]

このような、マクロ集権化からミクロ分権化という一方向だけの変化をみる労使関係の分権化に関するとらえ方に対し、稲上毅は、マクロ集権化とミクロ分権化の中間に位置するメゾ調整の存在を指摘した。メゾ調整とは、「政策参加のネオ・コーポラティズム的機能」のことであり、マクロ集権化、ミクロ分権化双方が国際的潮流としてメゾ調整に向かっているとする。企業別労働組合を基盤とする労使関係の日本化に国際的潮流が収斂する可能性に対し、日本型の労使関係システムが必ずしもミクロ分権化ではなく、産業別の調整機能と「政策参加のネオ・コーポラティズム的機能」を備えた三層構造を有していることを指摘して、マクロ集権化とミクロ分権化のいずれの交渉力も行き詰まりを示しているとする。[96]

この議論に関し、米国の労使関係はもともと分権的であるとの指摘がある。産業単位、企業単位、事業所単位のどの単位で団体交渉が行なわれているかについて着目した場合、多くの労働協約が事業所単位、もしくはローカル・ユニオン単位で結ばれていることがその理由である。使用者側の団体交渉単位は、それぞれ複数使用者、単一使用者の複数工場、単一使用者の単一事業所となっており、複数使用者と産業別もしくは職業別労働組合との団体交渉がもっとも集権化されている。

団体交渉構造を規定しているのは、労働組合が組織している企業の市場占有率、企業規模、競争環境、公共政策、組織的要因である。労働組合が組織する企業の市場占有率が高ければ、労働組合の交渉力が高まり、集権的な団体交渉が可能になる。労働組合が組織する企業の規模が小さくかつ競争が激しい場合、団体交渉単位の集権度が高ければ企業間の競争環境を均一化することが可能である。集権的な団体交渉単位を政府が支持するという可能性もある。企業の発展にともない、企業戦略決定の効率化を目的とした経営の集権化に対応するため、経営側は団体交渉単位の集権化を労働組合側に求めることがある。(97)

このような米国の労使関係における団体交渉単位の特徴に関し、カッツとダービシャーは、複数使用者および単一使用者の複数工場と労働組合との団体交渉単位が一九八〇年代初頭から単一工場もしくは単一事業所へと分権化しているとし、その理由に、賃金やワークルールに関する労働組合の譲歩や賃金の個別化、業績連動型賃金やチーム・システムの導入を個別の工場や事業所ごとの事情に合わせて取り決めるローカル労働協約が、産業単位もしくは企業単位の全国労働協約の効力を上回るようになってきていることをあげる。(98)

産業別にみると、複数使用者と統一の団体交渉を行なってきた全米鉄鋼労働組合(USW)では、一九八二年に主要企業が離脱し、一九八六年までに企業単位の団体交渉になったように、産業別から企業別に労使関係が分権化している。情報通信産業では、最大手のAT&T社が一九八四年に分社化したことで交渉単位が小さくなり、労使関係の分権化が進展した。トラック産業では、規制緩和により労働組合に組織化されていない企業や個人請負が増加したことにより産業全体をカバーする労働協約の成立が困難となった。航空産業では、規制緩和から一九八〇年代に競争が激化し、企業ごとの労働協約の調整が必要になった。[99]以上のように、産業横断的に労使関係の分権化が進展する傾向がみられる。

自動車産業の団体交渉単位をカッツらによる分類[100]に当てはめると、単一使用者の複数工場と産業別労働組合による団体交渉となる。一九八六年まで産業単位の労働協約を締結していた鉄鋼産業と異なり、自動車産業は企業単位で全国労働協約が取り交わされ、[101]パターン交渉を背景として団体交渉機能を産業単位に集権化してきた。そのため、個別企業の経済環境に対応するための余地を残しており、とりわけ経営が危機的な状況にある場合には個別企業ごとに労働条件の低下をともなう労働協約の締結が可能であった。したがって、一九八〇年代前半までの鉄鋼産業のように複数使用者と職業別もしくは産業別労働組合が統一的な労働協約を締結するケースが団体交渉の集権化の度合いがもっとも高く、単一使用者の単一事業所と職業別もしくは産業別労働組合が労働協約を締結するケースが団体交渉の集権化の度合いが最も低いとすると、自動車産業における団体交渉は中程度の集権化度合いである。産業としての統一した団体交渉の歩調を緩め、企業経営の実態に合わせて労働条件を下げることが可能な点において、自動車産業の労使関係は分権化することができたのである。

このような労働条件からみた団体交渉の分権化に対し、カッツとダービシャーは、一九八〇年代以降の自動車産業における品質と生産性の向上を目的とする生産現場へのチームワーク制度や業績連動型賃金の導入が、個別の工場や事業所の事情に即したかたちで行なわれるため、団体交渉単位が個別の工場や事業所に分権化したことを示唆している。

確かに、先行研究はチームワーク制度の導入、チーム・リーダーの選出方法、チーム運営、先任権の取り扱いなどについて職場レベルでローカル労働協約に規制を加えるなど、個別企業ごとに労働組合による労働者参加に対する関与の割合が異なることを明らかにしている。しかし、ダイムラー・クライスラーのジェファーソン・ノース工場、GMのランシング・グランドリバー工場、サターンの事例は団体交渉単位が個別の工場や事業所に分権化しているというよりもむしろ、企業戦略決定の効率化を目的とした経営の集権化に対応するために行なう団体交渉単位の企業別集権化とみることができる。ジェファーソン・ノース工場のローカル労働協約が、ダイムラー・クライスラー労使による戦略レベルおよび団体交渉ベルなどの上位レベルの決定によって強制されたものとなりつつあることがその一例である。

GMでは、UAW-GM人的資源センターを中心に、トップレベル、地域レベル、工場レベルの品質評議会が団体交渉による労使関係枠組みに並立するかたちで複線的に存在し、職場レベルによる自主的な取り組みを重視するなど、企業戦略決定の効率化を目的とした経営の集権化に緩やかに対応した仕組みを構築している。一方、サターンは、団体交渉を通じた職場レベルの労使の共同決定による経営をGMとUAWの双方が排除した事例である。

米国自動車産業は、個別企業の経営環境に対応した労働条件の設定に関して労使関係の企業別分権化を可能としてきた。また、職場レベルでは、ワークルールの運用に関してローカル労働協約を締結するなど、事業所や工場単位にも労使関係が分権化していた。新しい働き方を導入するにあたり、ダイムラー・クライスラーでは危機感を背景として強制的に、GMでは団体交渉とは複線的な仕組みを構築することを通じて、個別の工場や事業所が有していた団体交渉機能を企業別に集権化させてきている。個別の工場や事業所に残された権限は新しい働き方の運用に関する労使の関わり方を決めることであり、導入自体の決定は上位レベルに移行しているのである。つまり、労働条件に関しては産業別から企業別へ分権化するという方向と、新しい働き方に関しては個別の工場や事業所から企業別へと集権化するという方向が重なり合うかたちで労使関係の分権化が進展しているのである。

注

(1) Katz., et al [2007] p. 28.
(2) Ibid., p. 30.
(3) Ibid., p. 19.
(4) 森川 [二〇〇二] 二七―三〇頁。
(5) Katz., et al [2007] p. 81.
(6) ジャコビー [一九八九] 邦訳 三九頁。
(7) Ibid., pp. 50-57.
(8) Ibid., p. 59.
(9) Ibid., pp. 67-94.
(10) 奥田 [一九九九] 八四―八六頁。

(11) 森川〔二〇〇二〕一〇七―一〇八頁。
(12) 前掲書八五―一二九頁。
(13) 伊藤〔一九九九〕九六頁。
(14) Jacoby〔1989〕pp. 171-245.
(15) 谷本〔一九九九〕一二五頁。
(16) 森川〔二〇〇二〕四七―六一頁。
(17) グールド〔一九九九〕一九頁。
(18) 前掲書二四頁。
(19) Katz., et al〔2007〕pp. 48-53. グルード〔一九九九〕九―一八頁。
(20) Katz., et al〔2007〕p. 53.
(21) Ibid., p. 94.
(22) NLRAは一六条からなり、第一条で団体交渉権、団結権の承認、第二条で雇用者、被雇用者、労働組織、不当労働行為の定義、第三条から六条で全国労働関係委員会（NLRB：National Labor Relations Board）の設立、権限、財政、組織を、第七条では団結権と団体交渉のための代表者の選出に関する規定を含んだ被雇用者の権利、第八条は不当労働行為の定義、第九条は代表の選出方法、第一〇条は不当労働行為の防止措置、第一一条から一二条はNLRBの調査権限、第一三条から一六条はNLRAの制限について規定している。
(23) Ibid., pp. 20-25.
(24) Bloom & Northrup〔1981〕pp. 157-165.
(25) グールド〔一九九九〕四三頁。
(26) Kochan., et al〔1986〕pp. 15-20.
(27) 今村〔二〇〇二〕一二―一四頁。
(28) 谷本〔一九九九〕一二四頁。

(29) 前掲書一二五頁。
(30) 宮田〔二〇〇二〕一三頁。
(31) 栗木〔一九九九〕六〇頁。
(32) 前掲書六一頁。
(33) 前掲書五七頁。
(34) 今井〔二〇〇〇〕五三頁。
(35) 栗木〔一九九九〕六二頁。
(36) 今井〔二〇〇〇〕五五頁。
(37) 栗木〔一九九九〕六七－一一六頁。
(38) 今井〔二〇〇〇〕六〇頁。
(39) 前掲書六〇頁。
(40) 栗木〔一九九九〕六一頁。
(41) 荻野〔一九九七〕三七頁。
(42) 栗木〔一九九九〕一八〇頁。
(43) 前掲書一八〇―一八一頁。
(44) 前掲書二〇〇頁。
(45) 森川〔二〇〇二〕二四頁。
(46) 谷本〔一九九九〕一二四頁。
(47) 荻野〔一九九七〕三八頁。
(48) 森川〔二〇〇二〕二五頁。
(49) 前掲書二五頁。
(50) Bloom & Northrup〔1981〕p. 158

(51) 谷本〔一九九九〕一二四頁。
(52) 森川〔二〇〇二〕二六頁。
(53) イタリアの思想家アントニオ・グラムシによる「ヘゲモニー」とは、支配者が被支配者を同調させるための価値によって覇権を維持する状態を指す。自動車産業におけるヘゲモニーは、グラムシの言葉による「フォーディズム」、つまり、生産方式としてのフォード・システムを指す狭義の意味と、コストを低減する大量生産方式による市場拡大を支える論理および資本主義を支える論理そのものを指す広義の意味の二つがある。本論では、広義のヘゲモニーを意識しつつも、自動車産業の労使関係を支える価値観であるフォード・システムが新しい生産様式に変化するという文脈の中で、狭義の意味を使用している。
(54) 森川〔二〇〇二〕一八頁。
(55) 前掲書三五―三六頁。
(56) 前掲書三四頁。
(57) 山猫スト(Wildcat strike)は、組合本部の統制、指令に違反して組合員の一部が行なう争議行為であり、争議行為自体が違法である。
(58) Rubenstein., et al〔2001〕p. 14.
(59) Weekley & Wilber〔1996〕pp. 67-71.
(60) 谷本〔一九九九〕一一六頁。
(61) Weekley&Wilber〔1996〕p. 48, p. 69.
(62) Rubenstein., et al〔2001〕p. 16.
(63) 栗木〔一九九九〕一二七頁。
(64) 谷本〔一九九九〕一二七頁。
(65) 谷本〔一九九九〕一二一―一二二頁。
(66) 篠原〔二〇〇三〕七六頁。

(67) 今村〔二〇〇二〕九六—九九頁、一一二頁。
(68) Babson〔1995〕pp. 31-36.
(69) http://www.uawndm.com/index.htm
(70) フッチニ&フッチニ〔一九九一〕三〇一—三三三頁。
(71) UAW resists Chrysler rules, Detroit News, Oct 28, 2004.
(72) DaimlerChrysler, union at odds on contracts, Detroit News, Jan 12, 2004, UAW locals Chrysler look horns over contracts, Detroit News, May27, 2004, UAW resists Chrysler rules, Detroit News, Oct 28, 2004.
(73) Babson〔1995〕p. 38.
(74) Ford plant rejects team rules, Detroit News, Feb.11, 2004, Ford: Show up for work Detroit News, Sept. 9, 2004, UAW OKs Ford pact in Wayne, Detroit News Oct, 28, 2004.
(75) Adler, Kochan, Macduffie, Pil and Rubinstein〔1997〕p. 75.
(76) Ibid., p. 77.
(77) Adler, et al〔1997〕pp. 74-78.
(78) Adler, Kochan, Macduffie, Pil and Rubinstein〔1997〕pp. 78-82.
(79) Babson〔1998〕p. 31.
(80) Kochan, Lansbury and Macduffie〔1997〕p. 6.
(81) Parker, Jane Slaughter〔1995〕pp. 41-53.
(82) Ibid., pp. 50-51.
(83) ローリー・グラハム〔一九九七〕、フッチニ&フッチニ〔一九九一〕。
(84) 二〇〇五年一月に行なったインビュー。
(85) 「特集 トヨタはどこまで強いか」『日経ビジネス』二〇〇〇年四月一〇日号。
(86) 「北米トヨタ製造（無駄省く工場統括会社（物流、購買、改善を主導」『日経ビジネス』一九九九年六月二八日号、田中〔二〇〇一〕。
(87) 「トヨタの試練」『日経ビジネス』二〇〇四年一〇月一一日号。
(88) 労働政策研究・研修機構〔二〇〇七〕五五―一三〇頁。
(89) Jacoby〔2005〕p. 140.
(90) Ibid., pp. 140-168.
(91) 森〔一九八二〕五頁。
(92) 稲上〔一九九四〕は、職業別組合（産業横断的）、産業別組合（職業横断的）、企業別組合といった労働組合の組織形態と、労使交渉における集権化の程度を組み合わせて分析した。労使交渉における集権化の程度は、もっとも集権度が高い状態をマクロ集権化、もっとも低い状態をミクロ分権化とし、その中間に政策調整機能や産業セクター・ワイドの「調整」機能を有するメゾ調整があるとした。そのうえで、稲上〔一九九四〕は、もっとも集権度が高いマクロ集権化にある職業別組合、もっとも集権度が低いミクロ分権化にある企業別組合、マクロ集権化とミクロ分権化の中間の産業別労働組合の三者がすべて、中程度の集権度であるメゾ調整の方向に向かっていると指摘した。
(93) 稲上〔一九九四〕一八―一九頁。
(94) 稲上〔一九九五〕二二頁。
(95) 田端〔一九八九〕二三一頁。
(96) 稲上〔一九九四〕一八―一九頁。
(97) Katz., et al.〔2007〕pp. 178-184.
(98) Katz & Darbishir〔2000〕pp. 27-30.
(99) Katz., et al.〔2007〕pp. 187-188.
(100) Ibid., p. 179.
(101) 鉄鋼産業が産業を単位とする団体交渉を行ない、産業単位の労働協約を締結していたのに対し、自動車産業では企業を単位とする団体交渉を行なって、企業単位の労働協約を締結していたなどの、ニューディール型労使関係システムにおける多様性は、産業としての成り立ちや、労働者に要求する熟練度、労働組合運動の在り方など、種々の要因によるものと思われる。これらの要因を分析して、産業ごとの特徴を明らかにすることは、米国自動車産業における階層的な労使関係の枠組みを分析する本書の範囲を超えているため、割愛することとしたい。

［AFP ＝時事］

第4章 労使関係はどこに向かうのか

ここまでの章では、労働組合の経営協力と社会政策的な役割についてみてきた。まず、一九八〇年代以降に行なわれてきた労働組合による経営協力がどのようなものであったのか、そしてその背後で労働組合と企業が担ってきた社会政策的な役割がどれだけ失われてきているか、さらには、それらの変化がどのような経済・社会的背景によって引き起こされているのか、また、労働組合の経営協力がどのようにニューディール型労使関係を変え、どのような矛盾を引き起こしているのかについてである。

これらの論点について、本章では労使関係論に基づいて整理することを通じて、これから求められる姿と課題に近づいてみよう。

1 労使関係とは何か

労使関係について、「労働組合と使用者」の関係という考え方がある。これらの考え方に対し、本書では産業活動を行なう現代社会を構成する諸要素（アクター）間の関係を意味するものとする。これは、アメリカの労使関係学者ジョン・T・ダンロップによる考え方に基づいている。

アクターは、労働者、使用者、政府の三つに大きく分けられる。現代社会は人口に占める就業可能な就業者の割合（就業率）が高まり、誰もが働くようになっている。つまり、国民の大半が誰かに雇われるという働き方をしている労働者である。労働者は雇用の安定や豊かな生活を求める。使用者はその労働者を雇用して産業活動を行なう。労働者の能力を最大限に引き出して企業経営へ貢献することを求めるとともに、労務コストをできるだけ小さくすることで競争力の強化をはかる。政府は国民の大半が労働者であるために政策立案や運営において労働者の意向を強く意識せざるをえない。また、企業活動の動向と労働者の購買力は経済政策において重要な意味を持つ。これら三者の利害を調整して最適解に近づくことが本書における労使関係に対する基本的な考え方である。

この考え方について、カウフマンの主張を中心にして整理しよう。

労使関係論研究史

カウフマンは制度学派経済学を四つの段階に整理する。労使関係論はこの制度学派経済学の中で位置づけることができる。

第一段階となる初期の制度学派はウェッブ夫妻、およびウェッブ夫妻の影響を受けたコモンズおよびウィスコンシン学派によって構築された。ここにおける原則は次の七つである。

① 経済活動は最低基準の公正さや自己実現などへ貢献するものであり、生産と資源配分の最適化を目的とする新古典派に対峙する。
② 公正さと自己実現という二つの目的を達成するための摩擦を調整する。
③ 人間が行なう決定は感情や他者との比較などに左右されるなど経済原則とは必ずしも合理的に結びつかない目的や利己的なものであるとしてモデル化されるべきこと。
④ ほとんどの労働市場は重大な不完全さを有していること。
⑤ 市場の不完全さは多くの労働者にとって交渉力の不均衡をもたらすこと。
⑥ 労働市場において需要と供給を釣り合わせる賃金率は不可能であること。
⑦ 労働者は自らの生産に見合う全ての価値を受け取ることができない。

制度学派の第二世代は、一九四〇年代から一九六〇年代、労使関係論の隆盛の時代にあたる。第二世代に属するダンロップは、「経営者と経営者の組織」「労働者と労働者の組織」「政府機関」の三者の相互関係を規定するルールに着目した。「経営者と経営者の組織」と「労働者と労働者の組織」はそれぞれ国際組織、国家、産業、企業、事業所といった階層的な構造でとらえられ、それぞれの関係の利害を調整するためのルールである「web of rules」を強調した。(1)

続く第三世代は、この階層的な構造を発展させたコーハンらが属する。コーハンらは、ニューディール政策期から一九七〇年までの、団体交渉に労働分配の役割が期待された時代に、労働組合がない企業をも含んだ人的資源管理の形態をニューディール型労使関係システムとして概念化した。(2)このシステムを成立させたのは、米国経済の長期間の成長によって促された経営者と労働組合の安定した関係である。ここでは、戦略的な決定を行なうレベル、団体交渉の実施もしくは人事施策を策定するレベル、労働者、監督者、労働組合代表が人事施策により日常活動の中で影響を受ける職場レベルの三層に整理された。そのうえで、アクター相互の力関係の均衡を規定してきた労働組合と団体交渉が「New Economy」と「New Workforce」に対応することができなくなってきたとする。[3]「New Economy」と「New Workforce」は、ニューディール型労使関係システム創生期における、政府が需要を管理する経済と、団体交渉によって労働分配が促される労働市場に対峙するものとして定義され、経済のグローバル化の進展の中で不確実性と競争が激化した経済環境と労働者が労働者参加などを通じて個々人の能力を発揮することが求められるようになっていることを指している。

第四世代は、一九八〇年代から現在まで継続し、それまでの世代の影響を受けつつも「制度」に対する解釈が多岐にわたるため特徴を定義することが難しいグループとされる。このグループは、市場の失敗よりも政府や労働組合の失敗のほうが悪い結果となる可能性など、制度による市場介入がもたらす弊害を指摘する。

一九二〇年代、労使関係論は実践的な社会変革や問題解決者としての役割を担っていた。[4] しかし、学際的な手法を廃して合理的な科学的手法に傾倒し、実務及び雇用改善分野とのつながりを断ち切ったことが原因の一つとなって衰退したとされる。一九六〇年代以降は、団体交渉の範囲が縮小するとともに、労働組合と使用者が取り扱う課題が慣例化し、連邦政府が行なう労働政策と接点がなくなってきた。このような社会的状況の変化の中で、一九六〇年代後半から一九七〇年代にかけ、労使関係論研究者が調査技能や量的手法、学術出版物を強調するようになり、社会改革者や問題解決者ではなく単なる社会科学へ移行してきたと指摘する。(5)

したがって、カウフマンは、第四世代に続く第五世代に、団体交渉や企業経営一辺倒でなく社会的な問題を解決する実践的な役割を復活するという原点回帰を期待する。米国自動車産業の労使関係を考えるときに、労働組合の経営協力が進展することにより、年金や医療保険などの社会政策的な役割が低下しつつあるなど、カウフマンの指摘と同様な問題が起こっているといえよう。

この点に関し、カウフマンによる労使関係論と人的資源管理論の対比に基づいて、もう少しみていこう。

企業外（external）と企業内（internal）

カウフマンは、企業外（external）と企業内（internal）という用語を用いて労使関係論と人的資源管理論を説明する。ここでの労使関係論は前述のように、「労働組合と使用者の関係」といった狭義のものではない。他方、人的資源管理論は一般的に労働組合の組織化を阻む企業によって採用されるものである。

それによれば労使関係論と人的資源管理論には次の七つの特徴があげられる。

① 労使関係論が労働問題に関して労働者及びコミュニティによる解決を強調する一方で、人的資

源管理論は雇用者による解決を強調する。

② 労使関係論が雇用問題の調査と労働問題の原因について企業外（external）の観点に立つ傾向があるのに対し、人的資源管理論は企業内（internal）の観点に立つ。

③ 労使関係論の目的が雇用者利益を進展させることにある一方、人的資源管理論の目的は組織効率の最大化であり、両者の利害はしばしば対立する。

④ 労使関係論が利害紛争調整に焦点を置くのに対し、人的資源管理論は労働者と使用者の利害の一致に焦点を置く。

⑤ 労使関係論が労働市場および企業内で使用者が労働者個人に力関係で優位に立っており、企業内における管理が経済効率や労働者の働きがいの阻害要因や労働組合と政府からの対抗措置を産む要因となっているとするのに対し、人的資源管理論は使用者の権限を階層的組織の管理および、組織効率の最適化に寄与することによって利害関係者すべての利益になる管理に必要な要素とする。

⑥ 労使関係論があらゆる従業員関係においてある程度の紛争は避けることができず、労使どちらかの力関係の不均衡が利益を阻害するとして紛争解決に外部の第三者を必要とするのに対し、人的資源管理論は従業員関係における紛争は避けられないものではなく、問題解決手法や使用者と従業員双方に利益のある施策によって紛争の発生は最小限にすることができるとする。

⑦ 労使関係論が経営者を労働組合と政府による法的枠組みを補完する一つの寄与者にすぎないと

みるのに対し、人的資源管理論は経営者を従業員の建設的な成果を引き出すための主要な寄与者であるとし、労働組合と政府を煩わしい負担ととらえる。

雇用者の立場から問題解決を企業内(internal)に求める人的資源管理論に対し、労働組合や法的枠組みなどの企業外(external)に求める労使関係研究は、近年の労働組合の影響力や組織率の低下にともない衰退に向かっている。しかし、損益や組織効率などの企業内(internal)の問題に由来する人的資源管理論は、企業外(external)の問題に由来する労働者の人間的関心、社会の倫理的関心といった観点を持つ労使関係論にとって変わることはできない。そのため、労使関係論が企業内(internal)の課題に範囲を広げることで再発展の可能性があるとされる(6)。

ここで、企業外(external)の概念を整理してみよう。企業外(external)とは、①社会が有する文化的、歴史的状況との結びつき、②普遍的自然法ではなく現に運用されている文化的、法的、社会的結びつきを有した経済的な行動様式、③紛争・権力・不平等などの関係によって特徴づけられる法的、かつ文化的に調整されている市場、④経済に不可欠な政府および社会の全ての成員の利益にとって経済が果たす役割を確保する適切な経済政策(7)のことである。

カウフマンの主張のポイントは、企業内(internal)の問題に企業外(external)の視点を導入することにある。この考え方は、企業外(external)と企業内(internal)のどちらに軸足を置いているかによって異なる。

たとえば、浪江巌は、労使関係を「人的資源管理(人事労務管理)のうち労使関係にかかわる管理領域(8)」とし、森五郎は、政府機関を労使関係の当事者ではない規制者ないし介入者とみなす(9)など、企業内(internal)に力点が強い。

米国における産業レベルの労働組合運動や全国労働関係法、団体交渉を通じたワークルールの設定などは「上からの」モメントであり、「個々の労働者のこなす仕事の質と量における柔軟性の発揮を大幅に制限」しているとする指摘もある。ここでは、ニューディール型労使関係システムは、経営側主導による従業員代表制が有していた「企業内における労使の労働条件以外の広範な領域におけるコミュニケーションと合意形成のチャネル」を欠如させ、「労働組合機能を補完する企業内労使協議機構を欠く」ことになったとされる。[10]「上から」のモメントの圧力が強ければ強いほど、企業内労使協議機構(「下から」のモメント)を必要とするはずの経営側に「上から」のモメントに対する反発を強める結果となったとの指摘もある。[11] つまり、企業外(external)の存在が企業内(internal)における効率的な問題解決の阻害要因となるとみているのである。

これに対し、ジャコビーは、一九一〇年代に設立された初期の人事部における企業外(external)のつながりを指摘している。つまり、企業内(internal)の存在であるはずの人事部が必ずしも経営効率や組織効率の最大化のためだけに活動していたわけではない。ニューディール型労使関係システム以前にはウェルフェア・キャピタリズムによって経営を行なう企業が存在していた。ウェルフェア・キャピタリズムとは、雇用保障、教育訓練機会、年金・保険などの社会保障、安全衛生など、従業員が遭遇しうるリスクを回避する機会の提供や負担を企業が負うものである。[12] しかし、このウェルフェア・キャピタリズムは非常に脆弱であった。担い手となった人事部は、生産管理における効率性の追求のため、職長に委譲されていた雇用権限を調整・統制することを目的として一九一〇年代に設立されたものである。人事部で福利厚生事業を担ったのは、「労働者階級の家族を産業社会の重圧から保護しようとしていた、ソーシャルワーカー、セツルメントワーカー、教育家」、職業教育と職業指導により社会から貧困と失業を減少させることを目指す職業主義者であった。彼らは、外部の専門家もしくは改革者としての立場を保ちながら人事部に所属したのである。[13] つまり、初期の人事部は企業外（external）の視点を持つ外部人材が企業内（internal）で活動していた。しかし、このような視点を持つ外部人材であっても、時間の経過とともに、企業経営を重視する方向へ移っていった。また、一部の進歩的な企業しか人事部に権限委譲が行なわれなかったのである。[14] この指摘で明らかになることは、組織効率や経営効率の視点を優先させた場合、企業外（external）の視点が排除される可能性が高くなるということである。

これは、「労働者階級の家族を産業社会の重圧から保護」することや、職業教育と職業指導により社会から貧困と失業を減少させるといった企業外（external）の視点を企業内（internal）に導入するためには、「上からのモメント」と、「個々の労働者のこなす仕事の質と量における柔軟性」を発揮させるという企業内からのモメント」の圧力が必要にならざるをえないということでもある。課題は、この「上か（internal）の視点のバランスをどこで最適化させるということになるだろう。この点で、ニューディール型労使関係システムは、「上からのモメント」により、企業外（external）の視点を企業内（internal）に導入することで、政府、労働組合、使用者の三者間の利害を調整していたのである。

一方で、一九八〇年代に米国で隆盛となった「日本モデル論[15]」は、企業外（external）と企業内（internal）の視点に関する最適化において、ニューディール型労使関係システムと異なるアプローチを特徴とした。日本モデルの特徴の一つとして、労使協議制がある。これは、経営戦略、事業計画、人事異動といった事項や日常の生産管理などに関して使用者が事前に労働組合と協議するもので、労働組合に対して経営への参加や協力を求めるために行なわれる。このような企業内（internal）の視点は、産業別労働組合や春闘への参加、政策といった企業外（external）の視点との間で調整される。

一九八〇年代は、経済のグローバル化の進展と市場競争の激化を背景とし、フォード・システムに対する日本的生産様式の競争優位性が認識された時代である。日本的生産様式では、使用者が労働組合や労働者との「事前協議に基づく共同決定的要員運用[16]」を行なう。これにより、市場の変動に柔軟に対応して効率的な生産様式を実現したとされた。この日本的生産様式に対し、「重要性が認識され、これを可能にする柔軟な労働組織と労働者のコミットメントがどうすれば実現できるかに関心が集中[17]」した。

つまり、日本もアメリカもともに労働者参加を行なう方向に向かっているが、アプローチの方法が同じとはかぎらないのである。

この点に関し、森五郎とダンロップの主張を対比してみよう。

森は労使関係を、「雇用関係が一般的になった歴史的段階での産業社会において、使用者階層と労働者階層との間の社会秩序を秩序づけている全構造的な社会的諸関係であって、この社会的諸関係のあり方は、その産業社会がおかれた文化的社会的経済的技術的などの諸環境要因によって規定されると共に、政府の社会・労働諸政策によって規制されたものである。そしてこの社会的諸関係は、具体的には公式および非公式な諸ルールの構造およびそれの運用による機能として表われ、それらを規定する環境的諸要因やそれらを規制する社会・労働諸政策の変動に対応して変動する」[18]と概念規定する。

労使関係の当事者は、使用者階層と労働者階層だけであり、政府機関は当事者に対する規制者、介入者である。そのうえで、使用者階層と労働者階層の関係では「労働諸条件の決定をめぐる対抗的な関係」と「使用価値を作り出す生産の組織者と直接生産者との生産者関係」、つまり「経営者―従業員の関係（従業員関係）」を重要視したのである。[19]

一方、ダンロップは労働者、経営者の階層と政府組織それぞれの内部組織の重要性を述べ、三者が関係しあう当事者であるとする。[20]この森とダンロップの主張から次のようなことが導き出せる。

労働者参加を実現するため、労働組合が経営協力を進展させるという方向において日米に大きな相違はない。しかし、日本は企業別労働組合を基盤として、春闘により団体交渉機能が企業レベルから産業レベルに引き上げられてきたという経緯がある。[21]労働分配、労働条件の向上という点においては、産業レベルの統一行動の恩恵にあずかることができるため、企業内（internal）では労働組合による経営コミットメントを進展させることへの障害が少ない。

一方、米国は産業別労働組合を基盤としているため、企業外（external）における労働分配、労働条件の向上に関する労使間の交渉は、企業内（internal）の問題を無視できない。そのため、米国で労働組合による経営コミットメントの進展を実現するためには、企業外(external)と企業内(internal)を分割し、企業別に労使関係を分権化するという作業が必要となる。この方向は、企業別労働組合を基盤とする日本と正反対となっている。

したがって、米国において日本と同様の労使協議制がないことをもって、ニューディール型労使関係システムの経営協力に対する閉鎖性を説くことは、「日本モデル」移植の単純化に過ぎる。[22]

企業別労働組合を中心とする日本は、企業内(Internal)に基盤を置いているため、産業別組織の構築や政府との関わり方などの「上からのモメント」は後発的にならざるをえない。一方、産業別労働組合を中心とする米国は、企業外(external)に基盤を置いているため、「上からのモメント」の手法を活用しつつ、企業内(Internal)の課題にアプローチしていくことが自然である。

この点に関し、コーハンらは四つのシナリオを提示している。

第一のシナリオは、現状維持。労働組合に組織された企業ではニューディール型労使関係システムを持続するが、未組織企業による人的資源管理的手法もしくは低コスト低賃金志向が伸長する一方で労組の組織率は低下し、使用者、労働者、政府といった三者の関係をコントロールすることができなくなる。

第二のシナリオは、政府のイニシアティブによる労働者権利の強化と職場での労働者参加の促進。低賃金労働者、サービス産業、中小企業などで組織率が上昇するが、労働者参加を競争力の源とするような大企業の組織率は低下を続けることになり、第一のシナリオと同様の結果をもたらす。

第三のシナリオは、使用者、労働者、政府の総意で、団体交渉の枠組みに競争力向上を目的とした労使の協力関係を組み込み、この新しい仕組みを拡大させることで、使用者の人的資源管理的手法への傾斜を食い止める。

第四のシナリオは、成長する産業と職業で個人を代表し組織するための新しい戦略が現れることであるが、もっとも可能性が低い[23]。

この四つのシナリオは、企業外(external)と企業内(internal)の最適なバランスミックスがどこにあるかを探るものとみることができる。第四のシナリオのようにこれまでの常識を変更させるほどの新たな創造が生まれないかぎりは、第三のシナリオのように、個別企業の競争力向上という企業内(internal)の課題に取り組むために、使用者、労働組合、政府の利害調整の場である団体交渉の場を活用することが活路になる。しかし、必ずしもその方向性は、単純化された「日本モデル」の移植である必要性はない。

米国自動車産業と労使関係論

一九八〇年代以降の労使関係研究の一つのキーワードは、労働組合による経営コミットメントの進展と労働者参加などの新しい生産様式の導入が生じた場合、従来の労使関係の枠組みはどのように変化するのかということにある。労働組合による経営コミットメントが経営効率にどの程度貢献できるのか、すべてのアクターの利益調整を公正に行なうことができるのか、労働者の人間的関心、社会の倫理的関心といった企業外(external)の視点を損益や組織効率に由来する企業内(internal)に導入することが可能かどうか。これらの課題は、現在進行形のものである。

米国自動車産業では、UAWの協力を得て一九八〇年代以降に、職務区分の削減、チーム制の導入、職務範囲の拡大などを柱とする生産性、品質向上努力を続けてきた。現在も、団体交渉を軸とする労使関係の枠組みを維持したまま、長い期間をかけて、労使協議機能を企業内(internal)に拡大してきており、その途上にある。

その間、日本においては日経連(当時)が、「労働条件一般について横並びで決める時代は二〇世紀で終わった」とする「横並び春闘終焉」を二〇〇一年に宣言した。その結果、産業単位に引き上げられてきた団体交渉機能が、個別企業の支払い能力に左右される企業単位に戻っていく傾向が強くなっている。団体交渉機能は、労働条件だけでなく、労働者の人間的関心、社会の倫理的関心といった企業外(external)の視点を備えて、損益や組織効率にとどまらざるをえない企業内(internal)の課題を補完してきた。「横並び春闘終焉」宣言は、その補完機能の弱体化の象徴である。[24]

一方、米国自動車産業の労使関係は、労働分配に加えて医療保険、年金など社会保障における役割を担ってきた。これらが企業外(external)の機能の一つであるとすれば、労働組合の経営コミットメントの進展により、労使関係の役割が企業内(internal)の課題に傾斜して企業外(extrenal)の視点が弱くなってきている。その一つの象徴として、GMとクライスラーの破綻をみることができる。経営危機を回避するため、労働組合は、雇用保障、社会保障の維持よりも経営協力を優先した。これを可能としたのが、労使関係の枠組みにおけるヘゲモニーを変化させたことであり、より具体的には企業別分権化を進展させたことである。

それでは、米国自動車産業に関する研究では、この企業内（internal）と企業外（extrenal）の視点を課題としてきたのであろうか。これまでの研究史を振り返りながら、その点についてみていこう。

萩原伸次郎、河村哲二、新岡智らは、企業の多国籍化の進展が国家主導による経済、社会政策を変化させ、結果として、政府が労働組合を重要視しなくなってきたとする。[25] 企業の多国籍化の進展以前は、労働分配率を高めてミドルクラスの購買力を向上させる役割が労働組合に課せられていた。しかし、政府主導による経済政策の有効性が低下するに従い、労働組合に対する期待も低下していった。政府が労働組合を重要視しなくなると同時に、国際市場競争が激しさを増すようになり、政府、経営者ともに企業競争力を高めることが最重要事項となってきた。

自動車では、市場シェアを急速に高めつつある日本自動車企業への関心が強まった。一九八〇年代以来、日本自動車メーカーは品質、生産性、開発力などで米国自動車企業をリードするようになったとの認識があった。しかし、一九八〇年代初頭は、最大の競争力の源泉が日本国内の賃金の安さや対ドルで安い為替レートにあると考えられていた。[26]

これらを背景に、一九八〇年代の先行研究は日本企業の強みを探り、純化、理論化することで米国に移植することが可能かどうかという視点で行なわれた。ＭＩＴ、ハーバードなどで行なわれた研究、クラーク、藤本隆宏、ウォマックらの報告がそれである。

ＭＩＴ、ハーバードは、国際比較研究を行ない、製造業分野における日本企業の市場競争力は、単なるコスト差ではなく、事業部門間の統合・調整能力の高さにあることを明らかにした。[27]ついで、藤本とクラークは、研究開発から生産現場までの情報転写工程で行なわれる複雑なすり合わせや作りこみ能力に着目し、事業部間・従業員間の濃密な連携に関する報告を行なった。[28]また、門田安弘は、トヨタ自動車の調査から、精緻な生産管理手法を明らかにし、生産現場における生産管理手法に競争力の源泉があるとする報告を行なった。[29]ウォマックらは、生産現場における従業員間、および各事業部間の濃密な連携によって企業がトータルシステムとして機能していることを発見し、リーン生産システムと名づけた。[30]

これらを競争力の源泉とみて、生産現場に新しい生産管理手法や従業員間の濃密な連携を促す働き方が、たとえば、少ない職務区分、小人数のチーム制、重なり合う労働者の職務内容、配置転換、多能工化などの柔軟な働き方として、米国自動車産業に導入が試みられた。これら日本企業の強みを導入することについて、先行研究は主として生産現場に限定している。そのため、一方では、「従業員間の濃密な連携」が労使交渉によって決定されるワークルールを損なうというように導入に否定的な立場から、他方では、硬直的なワークルールが存在するために生産現場の改善が進まないという立場から研究や報告が行なわれてきた。労働組合を企業のトータルシステムの中の一つとして位置づける肯定的な評価をした先行研究も少ないが存在する。[31]

中立的な立場から行なわれた研究には次のようなものがある。フッチニ、ケニーとフロリダ、グラハム、パーカーとスローターは導入が及ぼす悪影響という視点から[32]、下川浩一、本多篤志は団体交渉により設けられたワークルールが新しい働き方の導入を阻害しているしているという視点から[33]、バブソン、篠原健一は新しい働き方の導入に対する労働組合の抵抗という視点から研究を行なっている[34]。またマクダフィーは新しい働き方の導入を労働者への権限委譲という視点で[35]、ハンターらは工場の置かれた経済的状況や労働者の意識と新しい働き方の導入の成否について調査を行なっている[36]。そしてアドラーは新しい働き方の導入をテイラー主義と比較し[37]、マクダフィーとピルは新しい働き方の導入についての国際比較[38]を行なっている。

労使協調による企業経営への貢献という視点に立つ研究としては、GM[39]をとりあげたウィークリーとウィルバー、サターン[40]を取り上げたルーベンシュタインとコーハンがある。日本企業が米国現地生産を行なう際に日本国内で行なっているどの部分を導入してどの部分を米国式としているかという分析を行なったライカーらの研究[40]などがある。これら先行研究の多くが、従業員間の濃密な連携を実現するための生産現場での施策に留まるのに対し、ライカーらは雇用管理に視点[41]を広げており、ウィークリーとウィルバーはマネージャーの役割と職務、組織などを含めた分析[42]を行なっている。

また、石田光男は、①チーム・コンセプトは製品需要の変動に対する投入労働量のフレキシビリティにつながるか、②組長、班長、現場監督者の協力で十分であると思われる改善活動になぜ労働組合が参加しなければならないのか、③合理化につながるチーム・コンセプトの導入はUAW本部とローカル交渉の関係にどのような変化をもたらしたのか、という三つの論点を提起した[43]。

これらの先行研究の多くは、新しい働き方の導入に対する労働組合の受容や反発という視点で行なわれている。そこには、リーン生産システムが与えたインパクトが非常に大きかったことをうかがわせる。企業が濃密な連携を行なうトータルシステムとしたリーン生産システムに対して、批判的であれ、肯定的であれ、新しい働き方の導入に対する研究の多くが生産現場にとどまる。リーン生産システムと対峙するのであれば、生産現場以外のすべてのサブシステムにおいて労働者がどのように受容するか、反発するかという視点が必要であろう。また、これまで労働組合が担ってきた社会的な役割を考えるならば、リーン生産システムが団体交渉を基軸とした労使関係システムのあり方や社会保障政策のあり方の変化とどのような関係にあるのかといった企業外(extrenal)の視点がなければならない。本書は、この課題にアプローチした試みである。次では、これまで述べてきた論点を整理してみよう。

米国自動車産業における労使関係システムの特徴　ニューディール型労使関係システムは、長期的戦略について利害調整を行なう戦略レベル、団体交渉と人事に関する施策を調整する団体交渉レベル、職場と個人に関する問題を調整する職場レベルの三つに整理され、それぞれのレベルでは政府、労働組合、使用者がアクターとなる。このフレームワークは産業ごとに多様性を有した幅のあるものとなっている。

たとえば鉄鋼産業では、産業別労働組合・全米鉄鋼労働組合(USAW)と複数の使用者による統一の団体交渉が一九八六年まで行なわれてきた。USAWと複数使用者代表は戦略レベルと団体交渉レベルのそれぞれのアクターとして主要な役割を演じるなど、労使関係が産業別に集権化(マクロ集権化)する傾向が強い。

一方、自動車産業で行なわれる団体交渉は企業単位であり、労働組合側は産業別労働組合UAWの企業支部と個別企業が主要な当事者である。そのため、産業単位の凝集性を保ちつつも、個別企業の経営環境に応じ、労働条件を柔軟に上下させることが可能であった。戦略レベルでは産業別労働組合が主要な役割を演じ、団体交渉レベルでは産業別労働組合の企業支部が主要な役割を演じるというように、自動車産業は鉄鋼産業よりも労使関係が企業別に分権化(ミクロ分権化)する傾向があった。[44]

この自動車産業の特徴は、複数の小さな単位に団体交渉を分割し、使用者側に対する情報をコントロールすることを通じて労働組合の交渉力を高めるという産業別労働組合の戦術に加え、ベルトコンベアーで分割した職務を再統合するというフォード・システムにより補完されている。自動車産業では、団体交渉が企業単位で行なわれることに加え、事業所単位でも団体交渉が行なわれるなど交渉単位が小さくかつ多数にわたっている。したがって、労使関係が産業別に集権化(マクロ集権化)する産業別労働組合の方向性と同時に、企業別および事業所別に分権化するという方向性が組み込まれていた。ついで、ベルトコンベアーで職務を再結合するフォード・システムが、生産過程における意思決定から労働者を排除するため、労働組合は発生する問題を事後的に対処する職務規制、先任権、苦情処理制度などの方法を採用した。これにより、職場レベルにおいて採用、解雇、配置転換、昇進などの職長権限に規制力を行使した。この規制は職場レベルを単位として行なわれるため、労使関係は企業別に分権化するだけでなく事業所別にも分権化していた（ミクロ分権化）。

一方、産業単位に労使関係の凝集性を確保する方法としては、一九五〇年代に確立したパターン交渉があげられる。パターン交渉はGM、フォード、クライスラーの三社が米国自動車市場を寡占化していたことにより成立した。三社すべてを組織化していたUAWは、三社のうちから一社を選択して団体交渉を先行させる。UAWはスト権を確立して団体交渉に臨み、経営側に労働条件向上の要求が受け入れられない場合はスト権を行使する。団体交渉中の一社は、スト権を行使されれば他の二社に対する市場シェア低下に直結するため、UAW側の要求に譲歩してストライキを防ごうとする。この方法により、労働条件の向上を獲得したUAWは、先行する一社の団体交渉を終結させた後、同様の方法で残りの二社に対して一社ずつスト権を確立して交渉を行ない、再び同様の結果を得る。これにより、産業単位に労働条件の向上を揃わせると同時に、労務コスト面で三社同一の競争条件をもたらすなど、パターン交渉は企業単位となっている団体交渉機能を産業単位に引き上げる役割を担った。その一方で、クライスラーが破綻の危機に直面した一九七〇年代には、団体交渉を産業単位から切り離して、クライスラーの労働条件を低下させることをUAWが認めるなど、個別企業の経営環境に応じた労働条件の上下を柔軟に行なってきたのである。

このように自動車産業においては、団体交渉レベルで産業別の凝集性を代表するUAW中央執行委員会が主要な役割を果たす場合から、団体交渉レベルでUAWの企業支部が主要な役割を果たし、UAW中央執行委員会の主要な役割が戦略レベルに限定されるといった具合に、労使関係の集権化の度合いが産業別から企業別の範囲で上下するという特徴を備えていたのである。

ついで、年金と医療保険といった社会保障政策において労使関係が重要な役割を担っていたという特徴がある。企業と政府が折半支出する公的年金と高齢者向け医療保険は六五歳以上のみが対象である。そのため、自動車産業では六五歳未満の労働者および退職者に対する年金と医療保険制度の構築と運営は労使間の団体交渉が担ってきた。六五歳までの医療保険と年金は企業全額支出もしくは労働者一部負担で運営され、六五歳以上になり政府支出による公的年金と高齢者向け医療保険が連結するようになると企業負担割合が減額される。つまり、企業負担による年金と医療保険が米国の社会保障政策の根幹にあり、政府による公的年金と医療保険が企業負担の制度を補完するという役割になっているのである。この仕組みにおいて、一九五〇年のフォードとUAWの団体交渉で、使用者負担による労働組合員向け企業年金と医療保険が米国で最初に創設されたなど、自動車産業の労使関係が米国の社会保障制度における牽引車の役割を果たしてきた。一九六四年には、GM、フォード、クライスラーの三社がパターン交渉で退職者向け医療保険の全額企業支出を達成した。翌一九六五年にはジョンソン大統領が高齢者向け国民公共医療保険法を成立させたことにより、六五歳以上の医療保険制度が企業負担による制度を補完することになったのである。

環境要因の変化と自動車産業の労使関係　個別企業の経営環境の変化に柔軟に対応すること、および米国の社会保障制度における牽引車的役割を担ってきたという米国自動車産業の労使関係の特徴は、それを可能とさせる前提条件に支えられてきた。換言すれば、さまざまな環境要因の変化によって前提条件が崩れれば、労使関係の変容の方向性は大きな影響を受けることになる。それは、自動車産業のみならず、米国全体の問題であり、まさしくニューディール型労使関係システムの危機といってよい。

一九七〇年代に始まるフォード・システムの退屈さに対する労働者の反抗が一つめの環境要因の変化である。職場レベルの労働者の交渉力は、職務規制、先任権、苦情処理制度などの規制力の行使により確保されてきた。この方法は、事後的に発生する問題の処理や事前に起こりうる可能性のある問題を防ぐ一方で、フォード・システムの運用には反対しないという点において、企業内(internal)での労働組合による経営側への消極的な協力であったとみることができる。しかし、一九七〇年代にみられるようになった作業の退屈さに対する生産現場労働者の反抗は、事後的に発生する問題の処理や事前に起こりうる問題を防ぐだけでは不十分であることを露見することになった。フォード・システムに労働者が拒絶すれば、職場レベルにおける労働組合による規制を無意味化するだけでなく、戦略レベルでのフォード・システム運用に関する労使合意という労働組合による企業内(internal)の経営側に対する消極的な協力を継続困難にしてしまう。この問題の解決のため、職務拡大、職務充実、自律作業集団の導入など、フォード・システムが排除した生産過程の意思決定に労働者を再び呼び戻す試みがQWLとして実施されたのである。しかし、労働組合の交渉力を確保してきた職場規制力は生産過程の事前、事後の問題への対処を目的としており、生産過程の意思決定に関与することを想定していなかった。そのため、既存の労使関係システムとの間に矛盾をもたらしたのである。

第二の環境要因の変化は、米国自動車メーカーによる市場寡占状態が一九八〇年代に終焉を迎えたことである。米国自動車メーカーが市場寡占状態を形成していることを前提として、UAWがすべての自動車メーカーを組織化していることがパターン交渉を可能にする前提である。米国自動車メーカーが市場寡占状態にあるかぎり、市場需要に対するすべての供給を担うことができる。それにより、団体交渉で労働組合が獲得した労働条件の向上にともなう労務コストの上昇を製品価格に転嫁することが可能だった。米国自動車メーカー側からすれば、各社の労務コストがほぼ一定になるため、競争条件の項目が狭まるという副産物をもたらしてきた。この構図が、一九八〇年代に米国現地生産を開始した日本自動車メーカーがUAWによる組織化を防いで市場シェアを拡大させ、パターン交渉の継続を難しくさせたことにより、崩れることになったのである。

第三の環境要因の変化は、フォード・システムに対する日本自動車メーカーの生産システムの優位性の発見である。フォード・システムが生産過程の意思決定からの労働者の排除を特徴とするならば、日本自動車メーカーはフォード・システムと同様にベルトコンベアーを活用するものの、労働者を生産過程の意思決定に積極的に取り込む手法を採用していた。日本自動車メーカーの生産システムを体系化したリーン生産システムは、労働者間および生産システム間の濃密な情報の連携に力点を置く。UAWに組織化されている米国自動車メーカーは全国労働関係法第八条(a)(二)の制約により、労働組合側からの自発的な協力がなければ労使関係を企業内(internal)の積極的な協力者として活用することができない。このため、戦略レベルにおいては全国労働関係法における規制を緩和し、経営側が自由に労働者を生産過程の意思決定に参加させることを可能とする法制化が試みられた。また、米国自動車メーカーでは、UAWが自発的に経営側に協力して労働者参加を進める動きがみられた。ここでの課題はQWL導入時と同様に、フォード・システムからの転換に際してUAWがどのように職場レベルの交渉力を確保するかということであった。

第四の環境要因の変化は、ホワイトカラーを含めた組織のあり方の変更である。カッツとダービシャーは米国自動車産業の生産労働者の管理が、ニューディール型から共同チームを基盤とする雇用パターンへ移行してきたとする。[45]その一方で、ホワイトカラーは官僚型で労使関係に依存した雇用管理を行なっていると分類した。この構図は、一九八〇年代に分権的事業部制からマトリックス機能を有した中央集権型組織へと変更するなかで再編されてきている。これにより、事業所別に分権化する労使関係を企業単位に集権化する体制が経営側に整ったとみることができる。

第五の環境要因の変化は、経済社会政策の変化である。団体交渉に労働分配を委ね、医療保険や年金などの社会保障制度を企業が運営することを根幹とする経済社会政策を維持するためには、政府が国境を超える資本の移動を監督・統制することで国内需要そのものを管理することが必要である。経済のグローバル化が進展し、政府による国内需要の管理が困難になったことが、団体交渉に委ねる労働分配と企業を根幹とする社会保障制度に限界をもたらしている。

これは、第六の環境要因の変化である労働組合運動の方向性の分裂にも影響を与えている。

二〇〇五年のＡＦＬＣＩＯの分裂の原因は、経営に自発的に協力する勢力と、産業別組織を再強化することで労働組合の交渉力を高めようとする勢力の方向性の違いが大きな要素となった[46]。産業別組織の再強化を試みる行動の背景となっているのは労働組合組織率の著しい低下により労働条件向上が困難となっている層が登場したことである。これにより、団体交渉による労働分配が機能しなくなり、企業を根幹とする社会保障制度の恩恵にあずかれない層が増えている。政府による国内需要の管理が困難になったことに加え、労働組合に組織化されていない層の増大が労使関係システムを根幹から揺るがしている。

これら六つの環境要因の変化は、米国自動車産業においては、従来から個別企業の経営環境の変化に応じて労働条件を上下してきたという特徴を背景として、労働組合を企業内(internal)の積極的な経営側への協力者へと移行することを強く促すとともに、労使関係においては企業別に分権化(ミクロ分権化)する方向へと進ませることとなった。この点における課題は、従来は事業所別に分権化していた労使関係をどのように企業別に分権化(ミクロ分権化)させるか、ということである。それと同時に、職場レベルにおける労働組合の交渉力を担保してきた職務規制、先任権制度、苦情処理制度などに代わる仕組みをどのように構築して、労働者を生産過程における意思決定過程に参加させるようにするかということとなる。加えて、労使関係が有していた経済社会政策的な意義との関係をどのように再構築するかということも課題となっている。

労使関係の事業所別分権化から企業別分権化（ミクロ分権化）へ

個別企業の経営環境に応じ労働条件を柔軟に上下させてきた米国自動車産業の労使関係は、一九八〇年代に労働者の参加を促す新しい働き方の導入に戦略レベルの労使が合意したことにより転機を迎えた。市場競争力向上に向けて労使が協力する戦略レベルの決定は、労働組合が個別企業の経営環境に応じて労働条件の低下に合意するという消極的な方法から、労働組合が新しい働き方の導入の意思決定から運用プロセスに至るまで経営側に自発的に協力するという積極的な方向へ移行させることとなった。戦略レベルの労使合意の結果、職場レベルの労働組合は、生産過程の事前、事後で規制力を行使してきた従来の方法にどのような代替措置を講ずるのかが課題となった。そのための方策は、①事業所別に分権化された労働組合の権限をトップダウンにより個別企業を単位とするミクロ分権化に向かわせる、②生産過程の意志決定に参加させるために職場レベルの労働組合の交渉力を確保する、③労使共同決定による経営を確立するといった三つのかたちで行なわれた。

トップダウンによる手法は工場閉鎖や企業経営の破綻といった危機感を背景として行なわれたものであり、GM・ウィルミントン工場、クライスラー・ジェファーソン工場があげられる。労働者を生産過程の意志決定に参加させる方法としては、チーム・リーダーの選出、チーム運営、作業標準設定、有給休暇の取得権限、ジョブローテーションのスケジュール作成などの点において職場レベルの労働組合と経営側の対等な交渉力を担保するということが行なわれた。その一環として、GMでは戦略レベル、団体交渉レベル、職場レベルといった労使関係システムのフレームワークと並列するかたちでトップレベル、地域レベル、工場レベルの三つのレベルの品質評議会を設置した。三つ目の方策である労使共同決定による経営は、作業現場のみならず経営全般にわたって行なう別会社サターンの設立によって試みられた。

これら三つの方策は、労働組合が積極的に経営にコミットしている姿となっている。この姿は、労働組合機能を補完する労使協議機能や経営側主導による従業員代表制といった枠を超え、労使共同経営に準じたかたちである。その究極の姿が、作業現場のみならず経営全般にわたって労使共同決定による経営を行なったGM子会社のサターンである。しかし、サターンは、企業別分権化(ミクロ分権化)を損ねる存在になるとして、UAWとGM双方の決定により、独立した企業体としての存続に終止符を打った。サターンのような労使共同決定による経営を労使ともに望まなかったのである。サターンほどではないものの、GMもフォードもクライスラーも労働組合が積極的に経営参画しており、労使協議機能や従業員代表などで行なわれる経営側主体の労使合意形成とは一線を画している。

このように労働組合が経営にコミットしていくことは、当然のことながら、経営合理性と労働条件の確保や雇用保障など労働者の権利のどちらを優先させるかという判断を難しくさせるという事態を生じさせる。生産過程の意志決定に労働者を参加させる新しい働き方が必ずしも労働の人間化につながっていないという指摘もある。労働者間の密接な連携を必要とする働き方は、ライン労働者を上流と下流で受注者と顧客の関係にはめ込むことにより、過度の心理的圧迫を与えるというものである。これに対し、労働組合は労働者の権利擁護というよりも経営者的な立場になりやすい。社会保障制度という観点で考えれば、個別企業の経営環境に左右されるべきものではない。しかし、企業を基盤とする米国の社会保障制度では、団体交渉によって担われてきた年金と医療保険水準を維持するには経営合理性を考慮しなければならなくなっていることが二〇〇三年以降の全国労働協約で明らかとなるなど、労使関係における社会的役割における限界が見られるようになってきている。

2 今後の課題

本書は、次の三つの論点を中心として進めてきた。

① 戦略レベル主導による労働組合の経営コミットメントの進展は、どのように職場レベルの労働組合に受け入れられたのか

② 労働組合の経営コミットメントの進展は、戦略レベル、団体交渉レベル、職場レベルの三つの機能をどのように変化させたのか

③ 労働組合の経営コミットメントの進展は、労使関係が持つ企業外(external)の視点を変化させたか

①の論点については、以下のような結論が導き出せる。新しい働き方の導入のために行なった労働組合の経営コミットメントは、ワークルールを設定するローカル・レベルの主要な機能を団体交渉レベルへと集権化することで実現した。産業別労使関係の調整を行なう戦略レベルの機能は、個別企業

の競争力向上のための調整機能へと移行することで、戦略レベルと団体交渉レベルが同義化する。このことは、実質的には戦略レベルの機能が団体交渉レベルへと分権化してきているとみることができる。しかし、元来、米国自動車産業の労使関係は、団体交渉を企業別に行ない、個別企業の経営環境に応じて労働条件を柔軟に上下させる特徴があった。したがって、従来から戦略レベルでは産業別労使関係の調整と個別企業の経営環境に対応することの間で力点を柔軟に移動させるという傾向があったのである。しかし、生産過程の意志決定に労働者を参加させる新しい働き方を導入するためには、生産過程の事前と事後で規制力を行使する職場レベルの労働組合の機能を変更することが必要である。規制力の代替として、職場レベルの労働組合は生産過程の意志決定に積極的に関与することを選択した。この変化は、戦略レベルの労使合意に基づいており、職場レベルの規制力のあり方の変化と合わせて、産業別労使関係の調整と個別企業の経営環境に対応することという二極のうち、個別企業の経営環境への対応を行なうことに労使関係の力点が移行した。労使関係システムの三つのレベルで、戦略レベルが産業別集権化(マクロ集権化)から企業別分権化(ミクロ分権化)に移行し、団体交渉レベルが職場レベルで実行される新しい働き方のルール作りの場となると同時に、職場レベルでは労働組合が生産過程で経営にコミットする場へと変化した労働組合が交渉力を確保し続けるために、意思決定過程において経営側の提案に対して二次的に対応するのではなく、労使による共同決定に準ずるようなかたちで経営に積極的に関与することを試みることとなったのである。

②の論点である労働組合の経営コミットメントや生産現場における新しい働き方の導入の効果に

ついては、「組長、班長、現場監督者の協力で十分であるのになぜ労働組合が参加しなくてはならないのか」[47]という疑問が提示されている。確かに、生産性と品質の面で継続的な向上がみられるものの、それが技術革新によるものなのか、ラインレイアウトの見直しによるものなのか、勤怠管理によるものなのか、それとも新しい働き方の導入によるものなのか、切り分けは難しい。しかし、労働組合の経営コミットメントが労使関係の企業別分権化（ミクロ分権化）のために行なわれていると仮定すると、生産性や品質の向上に必ずしも直結する必要はない。一面においては、労働組合の経営コミットメントの進展は、企業競争力を回復させるための労使協調とみることができる。しかし、他方では新しい働き方の導入を労働組合が受け入れるにあたり、生産現場の意志決定過程に直接に関与する方法を求めた結果として、戦略レベルもしくは団体交渉レベルが職場レベルを主導する方法が選択されたとみることもできる。労働組合の経営協力がどこに向かっているかについては今後も追跡する必要があるが、二〇〇九年にはGM、クライスラーが破綻するという危機のなかで、UAWは両社の大株主となり、経営陣の選出権限を有するようになるなど、戦略レベルにおいて、労働組合が経営権に対する関与の度合いを強める状況が生じた。労使関係は個別企業の経営環境に対応するといった企業別に分権化する一方、職場レベルでは戦略レベルと団体交渉レベルの方向性に沿って生産現場の意思決定過程に積極的に関与することで、権限の上位レベルへの移行が同時に起こっているのである。そして、この企業別分権化（ミクロ分権化）の方向は戦略レベルにおいては、労働組合による経営権への関与が進展することで強化されているのである。

③の論点に対する結論は、①と②の論点に対する結論と対をなすようなかたちとなっている。カウフマンは、労働者の人間的関心、社会の倫理的関心を企業外（external）としたが、米国の労使関係システムが担ってきた公正な労働分配の確保、企業を通じた医療保険と年金といった社会保障の整備、雇用の安定という企業外（external）の役割が、労働組合が経営コミットメントの度合いを強めれば強めるほど、欠落してきている。換言すれば、企業別分権化（ミクロ分権化）の度合いを強める米国自動車産業の労使関係は、企業外（external）の存在としての視点を離れ、損益や組織効率を重視する企業内（internal）の存在である経営権と一体化する傾向を見せてきているのである。

この変化は、戦略レベルでは、労働組合が経営権に干渉しないという姿から、経営コミットメントを進展させ、遂には、大株主となったことに象徴される。これにより、労働組合は企業経営に対して従来以上に責任のある判断を求められるため、企業外（external）の第三者的な視点へと戻ることは容易ではない。この不可逆的変化の中で、どのように企業外（external）の視点を融合させるのかということは大きな課題の一つである。

ヒルシュは、フォーディズム時代の発達した資本主義国が賃金生活者の物質的要求を資本の価値増殖条件に合致させ、国家の完全雇用政策、社会国家の拡張、大量消費、高い成長率にもとづく国家改良主義的な分配政策による賃金生活者全体の生活を恒常的に改善させたとする。これにより、「労働者階級の国家への『受動的編入』を意味」すると同時に、「伝統的社会環境、家族構造、自給自足形態が解体した結果、社会の官僚化と貫通的国家化が進行」し、「労働力の再生産と労働関係や賃金関係の調整は、ますます国家行政と労働組合や企業など大組織の共同業務」になるとした[48]。

米国自動車産業の労使関係もまた、企業単位でみれば、労使関係部とUAWによる労働分配や社会保障の上昇が官僚的に制度化されて恒常的に達成されることで労働組合が企業に「受動的編入」されていたとみることができる。しかし、市場競争の激化という直接的な要因を背景として、分権的事業部制は集権とマトリックスを活用した管理へと変化し、官僚的に制度化された仕組みはより柔軟なものへと変わりつつある。企業はもはや恒常的な労働条件の向上ばかりか雇用保障を約束することもできない。そのため、官僚的に制度化された仕組みから脱却し、労働組合が自発的かつ積極的に経営参画することとなった。それは同時に、労働組合員の雇用保障よりも企業経営の存続に重点を置くこととなり、企業経営に労働組合が「能動的編入」されていくのである。一方で、この姿は企業内労使コミュニケーションという企業内(internal)に限定された場においては労働組合の主導的な立場を可能とする労使協議制ということもできるが、労働運動という立場からは国家への「受動的編入」と同様の姿である。

この課題を解決するためのキーワードは、マクロ集権化とミクロ分権化の中間に位置する「政策参加のネオ・コーポラティズム的機能[49]」としてのメゾ調整であろう。つまり、雇用される企業や産業に縛られずに職業訓練、年金、医療保険、労働分配を提供する労働組合[50]の機能をいかに再構築していくかということである。

国境を超える企業活動と労使関係が担うべき国内の社会政策的役割の調整をどのようにはかるかも

課題である。年金、医療保険、労働分配率は国内問題であるが、社会保障のあり方を変容させる一つのきっかけとなった国境を超える資本の移動などの影響は国内問題を取り扱う政府の能力を超えている。経済のグローバル化の進展の中、メゾ調整は一国だけで対処できる問題ではなくなっているのである。雇用される企業や産業に縛られずに職業訓練、年金、医療保険、労働分配を提供する新しい労働組合が出現したとしても、国境を超える資本の移動の影響を受けざるをえない。

この点に関し、二〇〇五年にミシガン大学で行なわれたWTOの関連会議で出会ったAFLCIOのエコノミストが労働組合が積極的にWTOなどの国際組織で主張するべきだが賛同者は多くないと言っていたことを思い出す。仮に、WTOのような国際組織に働きかけたとしても、複数の政府間や企業間の調整があり、容易な道のりではない。反対に、国内に拠点を置く労働組合活動に合わせて国境を超える資本の移動を制限する保護主義的な方向も考えられる。しかし、この方法もかつて頓挫したものであり、やはり容易ではない。

労働組合にとっては、企業外(external)に問題関心を拡大させて、どれだけ活動を充実させるかにかかっているといってよい。その方法に関していくつかの案が提示されている。学生や主婦、退職者、失業者など労働者でなくとも加盟できる労働組合を創設すること、転職しても同じ労働組合に所属すること、その場合、所属する企業が変わっても年金や医療保険などのサービスは継続して受けられるように労働組合が提供すること、学生や求職者に対して労働組合が職業訓練などのサービスを提供することなどである。(51)

多国籍間であれ、一国内であれ、政府、使用者、労働者の利害を調整する場合、それぞれのアクターのイニシアティブや参加者の熱意がどれほどであるかにかかっているといえよう。

二〇一〇年三月二三日、オバマ大統領は医療保険改革法案に署名した。これにより、企業負担の医療保険制度と低所得者向け医療保険制度メディケイドの狭間で無保険状態にいた中小零細企業の従業員などおよそ三二〇〇万人が新たにカバーされることになった。しかし、改正された医療保険制度は企業負担を基本とする仕組みを崩したわけではない。したがって、コスト削減を目的とする退職者向け医療保険基金(VEBA)の設立に米国自動車産業の労使が合意することで、これまでの医療保険給付水準が低下するという状況には変化がない。つまり、無保険状態にあった従業員の医療保険給付水準と企業負担による医療保険給付水準は低位に平準化してきているのである。

二〇〇九年に破綻に至ったGMとクライスラーの更生処理は、連邦政府が公的資金を投入して計画的に行なわれた。これにより、政府は企業負担による社会保障制度の維持を選択したのである。退職者向け医療保険基金の創設にあたっては、現金ではなく株式が当てられたため、医療保険基金を運営するUAWは必然的に大株主となった。結果として、政府、経営者、労働組合の三者の枠組みは従来よりも強固なものとなっている。その一方で、UAWが経営者の立場に近づいていることにより、労働条件や医療保険、年金などの社会保障水準の低下に対する抑止力が弱体化しているという矛盾は拡大した。

米国自動車産業で政府、経営者、労働組合の三者の枠組みが強固になっているとしても、マクロ集権化とミクロ分権化の中間に位置する「政策参加のネオ・コーポラティズム的機能」としてのメゾ調整が再構築されてきているというわけではない。むしろ、この三者の枠組みは企業競争力向上を目的とする色彩が強くなってきている。労使関係の方向性を米国自動車産業に限定した場合、二つの道が想定できる。一つは、企業競争力向上のためによりいっそう政府、経営者、労働組合の枠組みを強固なものとする方向である。この場合、メゾ調整への視点が弱くならざるをえない。もう一つは、労働組合の社会政策的役割を回復させる方向である。自動車産業や企業の枠を超えて、職業訓練、年金、医療保険、労働分配向上、労働者の自己実現と公正な取り扱いの達成を目指してメゾ調整のための基盤を構築する。この場合は、国境を越えたグローバルな連携を視野に入れることも必要である。この課題は米国自動車産業の労使関係だけのものではない。日本も含めて国境を越えた活動をする企業が存在するかぎり、同様の選択肢が突きつけられているのである。

注

（1） Dunlop［1958］pp. 1-2 pp. 382-83.
（2） Kochan, et al.［1986］p. 45.
（3） Kochan［1998］pp. 44-45.
（4） ここでいう社会変革者や問題解決者とは、社会においては貧困や失業を減少させ、企業においては公平な取り扱いや労働者の自己実現を達成させるとともに長時間労働や派遣労働を取り除き、適正な利益を配分する仕組みを

(5) 構築するため、実践的な役割を担う者のことをいう。
(6) Kaufman〔2004b〕pp. 369-380.
(7) Kaufman〔2003〕pp. 218-219.
(8) Champlin and Knoedller〔2003〕pp. 3-9.
(9) 浪江〔二〇〇八〕一七五頁。
(10) 森〔一九八二〕六頁。
(11) 関口〔二〇〇九〕二四三―二五七頁。
(12) 伊藤〔二〇〇九〕一七―五七頁。堀〔二〇〇九〕五九―七九頁。
(12) Jacoby〔1999〕は、①多彩な技能を習得する市場を基盤とする個人主義、②共済組合もしくは労働組合による雇用主とのリスク分担、③政府負担によるヨーロッパ型の福祉国家、に続く第四の選択肢として整理し（p. 19）、「秩序、共同性、温情主義的な責務の観念は、完全なシステムといえないにしろ、全産業社会の家内経済を彷彿とさせるものであった。ウェルフェア・キャピタリズムの遂行者たる企業こそは、産業社会の荘園にほかならなかった。」（p.20）と指摘する。
(13) Jacoby〔1989, 2005〕.
(14) Jacoby〔1989〕p. 218.
(15) 仁田〔一九九三a〕七頁。
(16) 仁田〔一九九三b〕三六頁。
(17) 前掲書二頁。
(18) 森〔一九八二〕五頁。
(19) 森〔一九八二〕六頁。
(20) Dunlop〔1958〕p. 385.
(21) 山崎〔二〇〇九a〕一七三―一九五頁。

(22) 自動車総連西原会長は『毎日新聞』二〇〇九年六月二六日付コラムにおいて、「労使は、たとえば環境重視など企業が進むべき方向について、現場の声をすくい上げるかたちで本質的に議論し合意することが重要だ。」とし、UAWにはそれが不足していることに課題があるとしており、「日本モデル」による視点でUAWの動向を分析している。

(23) Kochan, et al. [1986] pp. 250-253.

(24) 山崎[二〇〇九a]一七三―一九五頁。

(25) 萩原[一九九六、二〇〇五]、河村[一九九五、二〇〇三]、新岡[二〇〇二]。

(26) 藤本[二〇〇三]二六頁。

(27) 前掲書二九〇頁。

(28) 藤本・クラーク[一九九一]、藤本[一九九七、二〇〇三]。

(29) 門田[一九九一]。

(30) Womack, et al. [1990]

(31) Weekley & Wilber [1996], Rubenstein & Kochan [2001].

(32) フッチニ&フッチニ[一九九一]、Kenny & Florida [1993]、グラハム[一九九七]、Parker & Slaughter [1992, 1995].

(33) 下川[一九九七]、本多[一九九四]。

(34) Babson [1998]、篠原[二〇〇三]。

(35) Macduffie [1995].

(36) Hunter, et al. [2002].

(37) Adler [1995].

(38) Macduffie and Pil [1997].

(39) Weekley & Wilber [1996].

(40) Rubenstein & Kochan [2001].

（41）Liker et al.〔1999〕.

（42）Weekley & Wilber〔1994〕.

（43）石田〔一九九三〕六三―六九頁。

（44）鉄鋼産業が産業を単位とする団体交渉を行ない、産業単位の労働協約を締結していたのに対し、自動車産業では企業を単位とする団体交渉を行なって、企業単位の労働協約を締結していたなどの、ニューディール型労使関係システムにおける多様性は、産業としての成り立ちや、労働者に要求する熟練度、労働組合運動の在り方など、種々の要因によるものと思われる。これらの要因を分析して、産業ごとの特徴を明らかにすることは、米国自動車産業における階層的な労使関係の枠組みを分析する本論の範囲を超えているため、割愛することとしたい。

（45）Katz & Darbishire〔2000〕

（46）山崎〔二〇〇五〕。

（47）石田〔一九九三〕六九頁。

（48）ヒルシュ〔一九九七〕一一〇―一一二頁。

（49）稲上〔一九九四〕一八―一九頁。

（50）Osterman, et al.〔2001〕pp. 95-130.

（51）Ibid.

あとがき

二〇〇三年八月、デトロイト市の労働運動を記念する式典が開かれた。ここでは、製造業の街を象徴する巨大な歯車のかたちをしたランドマークの除幕式も行なわれた。続いて、デトロイト河畔にたつＵＡＷ-フォードのビルでパーティーが開かれたが、ここでミシガン州ＡＦＬＣＩＯ支部会長マーク・ガフニー氏と出会ったことが私にとっての大きな転機となった。ミシガン湖の船乗りだった彼は、ベトナム反戦運動をきっかけに労働運動に参加し、船員組合が属する産業別労組チームスターでキャリアを築いてきたという。チームスターといえば、ジャック・ニコルソンが映画で演じた「ホッファ」が会長をしていたことで知られる。

ガフニー氏とは不思議と気があい、研究にもいろいろと協力の手を差し伸べてくれたが、とくに二つの点で指針となる示唆があった。一つは、彼を通じてＵＡＷなどの産業別労働組合や事業所別の労働組合の幹部と交流を持てたことである。彼らの考えや行動の意味を教わったことで、労働組合の階層的なダイナミズムに触れる機会を得た。彼がミシガン州ＡＦＬＣＩＯ支部会長だったため、ＵＡＷだけでなく、ＡＦＬＣＩＯ州支部が担うさまざまな地域貢献活動やその運営会議における産別労組の間の力関係も知ることができた。二つめは、彼を通じて自動車工場の生産現場を見学する機会を多くもてたことである。この場を借りて感謝を申し上げたい。

本書は、労働組合関係者との交流だけでなく経営側関係者や研究者との交流からも大きな示唆を与えられている。GM系自動車メーカー・サターン社の元役員、GM副社長、労務管理担当自動車アナリスト、労使関係担当弁護士、デトロイト商業会議所関係者、日系企業関係者、ミシガン州立大学労使関係学部教授、ウェイン州立大学労使関係学部教授などがその一端である。デトロイト勤務中の同僚、アンドリュー・コンチ氏、エリック・スミス氏は、訪問先のアレンジを手伝ってくれたほか、日米の文化的な違いに戸惑う私をサポートしてくれた。

これらの交流によって得られた成果を本書にまとめることができたのは、もうひとつの偶然が影響している。それは、デトロイト滞在中に明治大学黒田兼一教授と知り合えたことである。とはいっても滞在中は電子メールによる交流だけで、実際にお会いしたのは日本に帰国してからのことだった。黒田教授には、私がデトロイトで行なってきた調査を学会で報告することや博士号の取得を薦めていただいた。このきっかけがなければ、本書は誕生しなかった。ご助言とご指導に感謝申し上げたい。

学会報告にあたっては、東京大学森健資教授と青山学院大学白井邦彦教授に、博士論文執筆にあたっては、明治大学平沼高教授、遠藤公嗣教授にも貴重なお時間を割いて指導いただいた。本書の原案は私の修士論文にさかのぼるが、企業をトータルシステムとしてみるという点において重要な示唆を産業能率大学腰塚弘久教授からいただいた。この場を借りて、諸先生方に感謝申し上げたい。

また、本書の刊行にあたって、快く出版をお引き受けいただいた旬報社木内洋育社長、田辺直正企画編集部長の両氏にも御礼申し上げたい。田辺氏には、より多くの人に本書を読んでもらいたいという私の希望を汲みとっていただき、編集作業においてたいへんなご苦労をいただいた。

デトロイト滞在中、妻の留美は、地元の高齢者とともに公立動物園の清掃のボランティアに出たり、ロシア、韓国などの移民や自動車産業関係者の家族と親交を持ったが、その経験も本書の背景に厚みを持たせてくれている。さらに、私たち家族は幸か不幸か米国滞在中にいろいろな種類の病院のお世話になった。ホームドクターから公的な色彩が強い州立大学付属病院、最新設備の整う私立病院までさまざまな医療現場を目にするとともに、日本では考えられないほど高額な医療費も体験してきた。この経験が、社会保障システムについて深く考えるきっかけとなった。本書の執筆にあたっては、家族の大きな支えがあったことも最後に書き加えたい。五歳の娘、真琴と二歳の息子、桂は遊びたいさかりによく辛抱してくれた。また、研究活動を後押ししてくれた両親にも感謝してあとがきを終えることとしたい。

二〇一〇年四月

山崎　憲

参考文献・資料

◉日本語文献

相澤興一・黒田兼一監修〔二〇〇二〕『グローバリゼーションと「日本的労使関係」』新日本出版社。

安保哲夫〔一九九二〕「在外日本工場の分析視点」安保哲夫、上山邦雄、公文溥、板垣博・河村哲二『アメリカに生きる日本的生産システム』東洋経済新報社。

五十嵐仁〔二〇〇五〕「前進のための後退なのか」『ビジネス・レーバー・トレンド』二〇〇五年一〇月号、労働政策研究・研修機構。

石崎照彦、佐々木隆雄、鈴木直次、春田素夫〔一九八八〕『現代のアメリカ経済(改訂版)』東洋経済新報社。

石田英夫〔一九九〇〕『国際経営の人間問題』慶應通信。

石田光男〔一九九三〕「チーム・コンセプトと自動車労働者」(第二章)石田光男、井上雅雄・上井喜彦・仁田道夫編『労使関係の比較研究』東京大学出版会。

石田光男〔二〇〇七〕「日本労使関係のいま、社会政策学会第一一三回全国大会、第三分科会(秋季大会企画委員会)座長報告」『社会政策学会誌』第一八号(法律文化社)。

石堂清倫〔一九九八〕「ヘゲモニー思想と変革への道——革命の世紀を生きて」『世界』一九九八年四月号、岩波書店。

板垣博〔一九九二〕「ハイブリッド・モデルを構成する要素間の相関分析」安保哲夫・上山邦雄・公文溥・板垣博・河村哲二『アメリカに生きる日本的生産システム』東洋経済新報社。

伊藤建市〔二〇〇二〕「アメリカ製造大企業における労使関係と従業員代表制」海道進・森川澤雄編著『労使関係の経営学』税務経理協会。

伊藤健市・田中和雄・中川誠士編〔二〇〇六〕『現代アメリカ企業の人的資源管理』税務経理協会。

伊藤建市〔二〇〇九a〕「ニューディール労働法改革と従業員代表制——全国産業復興法と労働争議法案を中心に」『ニュー

ディール労働政策と従業員代表制――現代アメリカ労使関係の歴史的前提』ミネルヴァ書房。

伊藤健市〔二〇〇九b〕「全国労働関係法と特別協議委員会」伊藤健市・関口定一編『ニューディール労働政策と従業員代表制――現代アメリカ労使関係の歴史的前提』ミネルヴァ書房。

稲上毅〔一九九四〕「労使関係『分権化』の国際潮流と日本」『月刊連合』一九九四年七月号。

稲上毅〔一九九五〕『成熟社会の中の企業別組合』日本労働研究機構。

井上昭一〔一九八二〕『GMの研究』ミネルヴァ書房。

伊原亮司〔二〇〇三〕『トヨタの労働現場――ダイナミズムとコンテクスト』桜井書店。

今井賢一・伊丹敬之・小池和男〔一九八二〕『内部組織の経済学』東洋経済新報社。

今井斉〔二〇〇〇〕「フォード社における大量生産方式の成立と人事・労務管理」井上昭一・黒川博・堀龍二『アメリカ企業経営史』税務経理協会。

今村寛治〔一九九五〕「アメリカ自動車産業における日本的生産方式の到達点」『労働の科学』五〇巻九号。

今村寛治〔二〇〇二〕『「労働の人間化」への視座――アメリカ・スウェーデンのＱＷＬ検証』（現代経営学叢書）ミネルヴァ書房。

岩内亮一、安部悦生〔二〇〇二〕「アメリカにおける日米自動車企業の経営戦略」『明治大学社会研究所紀要』三九巻二号。

岩出博〔二〇〇二〕『戦略的人的資源管理論の実相――アメリカSHRM研究ノート』泉文堂。

上野俊哉・毛利嘉孝〔二〇〇〇〕『カルチュラル・スタディーズ入門』ちくま新書。

ウィリアム・B・グールド、松田保彦訳〔一九九九〕『新・アメリカ労働法入門』日本労働研究機構。

江夏健一・米澤聡士〔一九九八〕『ワークブック　国際ビジネス』文眞堂。

M・ビアー、B・スペクター、P・R・ローレンス、D・Q・ミルズ、R・E・ウォルトン（訳）梅津祐良、水谷栄二〔一九九〇〕『ハーバードで教える人材戦略（Managing Human Assets）』生産性出版（The Free Press, A Division of Macmillan, Inc.NY.）。

大内伸哉〔二〇〇六〕「労使関係の分権化と労働者代表――解題をかねて」『日本労働研究雑誌』二〇〇六年一〇月号。

大津誠〔一九九二〕『労使関係論――日本的経営と労働』白桃書房。

大野威〔二〇〇三〕『リーン生産方式の労働――自動車工場の参与観察にもとづいて』御茶ノ水書房。

岡本康雄編著［二〇〇〇］『北米日系企業の経営』同文館出版。

岡崎淳一［一九九二］『アメリカの労働』日本労働研究機構。

荻野登［一九九七］『UAW（全米自動車労組）労働運動と日米自動車摩擦』日本労働研究機構。

奥田友枝子［一九九九］「テイラーの科学的管理法の展開」海道進、森川澤雄編著『労使関係の経営学』税務経理協会。

尾高邦雄［一九八四］『日本的経営——その神話と現実』中公新書。

梶原一明［二〇〇三］『トヨタウェイ——進化する最強の経営術』ビジネス社。

上山邦雄［一九九二］「現代日本工場の平均像A実地調査による」安保哲夫、上山邦雄、公文溥、板垣博、河村哲二『アメリカに生きる日本的生産システム』東洋経済新報社。

河村哲二［一九九一］「日本的生産システムの特徴的諸要素とその国際移転モデル」安保哲夫・上山邦雄・公文溥・板垣博・河村哲二『アメリカに生きる日本的生産システム』東洋経済新報社。

河村哲二［一九九五］『パックス・アメリカーナの形成』東洋経済新報社。

河村哲二［一九九八］『第二次世界大戦期アメリカ戦時経済の研究』御茶ノ水書房。

河村哲二［二〇〇三］『現代アメリカ経済』有斐閣。

久米郁男［二〇〇五］『労働政治——戦後政治のなかの労働組合』中公新書。

栗木安延［一九九七］『アメリカ自動車産業の労使関係——フォーディズムの歴史的考察』社会評論社。

倉石忠雄編著［一九五八］『アメリカの新しい労働法』財団法人労働法令協会。

黒田兼一［二〇〇八］「近年の人事労務管理の動向——アメリカと日本」『明治大学社会科学研究所紀要』第四七巻第一号。

ケネス・G・シュミット、ミッチェル・D・レイ［二〇〇五］「アメリカ」（第七章）、労働政策研究・研修機構編『労働政策研究報告書No.18「労働者の法的概念：七カ国の比較法的考察」』労働政策研究・研修機構。

ケント・ウォン［二〇〇五］「組織化、競合、政治が争点に」『ビジネス・レーバー・トレンド』二〇〇五年一〇月号。

小池和男［一九七六］『職場の労働組合と参加』東洋経済。

河野豊弘、スチュワート・クレグ、吉村典久監訳［二〇〇二］『日本的経営の変革——持続する強みと問題点』有斐閣。

坂幸夫〔一九九三〕「アメリカ自動車産業における日本的生産システムと労働者」労働経済旬報一四九三号。

嵯峨一郎〔一九九九〕「『経営権』と労使関係」『熊本学園商学論文集』。

坂牧史朗〔二〇〇六〕「北米市場の変化に対応できないGMとフォード」大和総研アメリカ二〇〇六年三月三一日レポート。

坂牧史朗〔二〇〇八〕「ゼネラル・モータースとフォードの七―九月決算」大和総研アメリカ二〇〇八年一一月七日レポート。

佐久間賢〔一九九四〕「米国自動車産業復活の背景」『技術と経済』三二八号。

佐武弘章〔二〇〇〇〕「トヨタ生産方式と日本的生産システム――その共通性と異質性をめぐって」『大原社会問題研究所雑誌』No. 498。

CAW・TCA編〔一九九六〕『リーン生産システムは労働を豊かにするか』多賀出版。

J・ステュアートブラック、マーク・E・メンデンホール、ハル・B・グレガーセン、リンダ・K・ストロー、白木三秀・梅沢隆・永井裕久訳、国際ビジネスコミュニケーション協会〔二〇〇一〕『海外派遣とグローバルビジネス――異文化マネジメント戦略 Globalizing People through International Assignments』白桃書房。

JD・パワー・アンド・アソシエイツ〔一九九〇〕『米国自動車耐久性調査SM』JD・パワー・アジア・パシフィック。

JD・パワー・アンド・アソシエイツ〔二〇〇四〕米国自動車耐久性調査SM』JD・パワー・アジア・パシフィック。

篠田徹〔二〇〇九〕「現代アメリカ労働運動の歴史的課題――未完の階級的人種交叉連合」新川敏光・篠田徹編著『労働と福祉国家の可能性』ミネルヴァ書房。

篠原健一〔一九九九〕「チーム・コンセプトと作業組織の対応――ゼネラル・モータース社の事例」『日本経営学会誌』四号。

篠原健一〔二〇〇〇〕「作業組織改革と労働者の反応に関する一考察：アメリカ自動車産業における一工場のケース」同志社大学アメリカ研究所。

篠原健一〔二〇〇三〕『転換期のアメリカ労使関係――自動車産業における作業組織改革』ミネルヴァ書房。

島弘〔一九六三〕『科学的管理法の研究』有斐閣
下川浩一〔一九九七〕『日米自動車産業攻防の行方』時事通信社。

白井泰四郎〔一九九六〕『テキストシリーズ（一）労使関係論』日本労働研究機構。

新川敏光〔二〇〇九〕「福祉レジーム分析の可能性――戦後日本福祉国家を事例として」『社会政策』二〇〇九第一巻第二号、ミネルヴァ書房。

鈴木直次〔一九九四〕「アメリカ自動車産業の復活（二）」『専修大学社会学研究所月報』三七〇号。

鈴木玲〔二〇〇二〕「労使関係――自動車・鉄鋼産業を中心にして」『大原社会問題研究所雑誌』五〇七巻。

総合研究開発機構〔一九九五〕『米国製造業の復活に関する調査研究：米国自動車産業復活の一〇年と日本の課題』総合研究開発機構。

醍醐聰〔一九九九〕『国際会計基準と日本の企業年金』中央経済出版社。

滝沢英男〔一九八九〕『デトロイトの合理化戦略』日刊工業新聞社。

ダグラス・レスリー著、岸井貞男監訳、辻秀典共訳〔一九九九〕『アメリカ労使関係法』信山社。

田代洋一・萩原伸次郎・金澤史男編〔一九九六〕『現代の経済政策』有斐閣ブックス。

橘博〔一九九〇〕『科学的管理形成史論』清風堂書店出版部。

伊達浩憲〔二〇〇三〕「米国自動車産業における職場編成と先任権ルール」『社会学研究年報』三二号。

田中武憲〔二〇〇二〕「多国籍企業トヨタの北米戦略とトヨタ生産方式の「現地化」について」『名城論叢』二〇〇一年六月。

谷本啓〔一九九九〕「アメリカ企業における労使関係」海道進・森川澤雄編『労使関係の経営学』税務経理協会。

田端博邦〔一九九八〕「生産方式の変化と労使関係――グローバル化への対応」（第七章）東京大学社会学研究所編『二〇世紀システム五国家の多様性と市場』東京大学出版会。

津田真徵〔一九六九〕『労使関係の国際比較――三五カ国の比較研究』日本労働協会。

F・W・テイラー著、上野陽一訳〔一九五七〕『科学的管理法〈新版〉』産業能率短期大学出版部。

デイビッド・ウルリッチ、梅津裕良訳〔一九九七〕『MBAの人材戦略――HUMAN RESOURCE CHAMPIONS』日本能率協会マネジメントセンター（Hravard Business School Press, Boston）。

中井節雄〔一九九九〕『人的資源開発管理論――実証的診断的分析による原理と方法の解明』同友館。

浪江巌〔二〇〇八〕「『労使関係』の概念とその構造、展開過程」『立命館経営学』第四六巻。

日本経営者団体連盟国際部〔一九九二〕『より良い労使関係を求めて――米国進出日系企業の事例研究』日本経営者団体連盟。

日本労働研究機構〔二〇〇〇〕「日系グローバル企業の環境適合型HRMシステム」日本労働研究機構。

日本労働研究機構国際部〔一九九五〕『米国ダンロップ委員会報告』日本労働研究機構。

新岡智〔二〇〇二〕『戦後アメリカ政府と経済変動』日本経済評論社。

仁田道夫〔一九九三a〕「課題と構成――フレキシビリティ、コミットメントと労使関係」(序章) 石田光男・井上雅雄・上井喜彦・仁田道夫編『労使関係の比較研究』東京大学出版会。

仁田道夫〔一九九三b〕「日本と米国における能率管理の展開――戦後期と中心に」(第一章) 石田光男・井上雅雄・上井喜彦・仁田道夫編『労使関係の比較研究』東京大学出版会。

仁田道夫編〔二〇〇二〕『労使関係の新世紀』日本労働研究機構。

延岡健太郎・藤本隆宏〔二〇〇四〕「製品開発の組織能力」『MMRC』COE二一世紀ものづくり経営研究センター。

野村正實〔一九九三〕『トヨティズム』ミネルヴァ書房。

萩原伸次郎〔一九九六〕『アメリカ経済政策史――戦後「ケインズ連合」の興亡』有斐閣。

萩原伸次郎・中本悟編〔二〇〇五〕『現代アメリカ経済――アメリカン・グローバリゼーションの構造』日本評論社。

橋場俊展〔二〇〇九〕「一九九〇年代以降のアメリカにおける人的資源管理・労使関係研究の動向――『高業績パラダイム』を切り口として」『労務理論学会誌』第一八号。

春田素夫・鈴木直次〔一九九八〕『アメリカの経済』(岩波テキストブック) 岩波書店。

春田素夫・鈴木直次〔二〇〇五〕『アメリカの経済』(第二版) 岩波書店。

平尾武久〔一九九二〕「現代アメリカの労使関係と労働組合運動――自動車作業を中心として」『季刊労働総研クォータリー』九月。

藤本隆宏〔一九九七〕『生産システムの進化論』有斐閣。

藤本隆宏〔二〇〇三〕『能力構築競争』中公新書
フッチニ・ジョセフ・J、フッチニ・スージー、中岡望訳〔一九九二〕『ワーキング・フォー・ジャパニーズ』イーストプレス。

ブルーストーン・バリー〔二〇〇〇〕「アメリカにおける繁栄の拡大――二一世紀における公平性を伴った成長のための闘い」日本労働研究機構編『アメリカの陰と光――アメリカ経済の動向と雇用・労働の現状を探る』日本労働研究機構。

本多篤志〔一九九四〕『アメリカ自動車産業『復活論』の虚と実』PHP研究所。

マイク・パーカー、ジェイン・スローター、戸塚秀夫監訳〔一九九五〕『米国自動車工場の変貌』緑風書房。

宮本邦男〔一九九七〕『現代アメリカ経済入門』日本経済新聞社。

森五郎編著〔一九八一〕『日本の労使関係システム』日本労働協会。

森川譯雄〔一九九九〕『アメリカ労使関係論』同文館出版。

森川譯雄〔二〇〇二〕『労使関係の経営経済学――アメリカ労使関係研究の方法と対象』同文館出版。

守島基博〔二〇〇三〕「コーカン＝カッツ＝マッカーシー『米国の労使関係の変容』」『日本労働研究雑誌』二〇〇三年四月号。

門田安弘〔一九九一〕『新トヨタシステム』講談社。

労働政策研究報告書 No.76〔二〇〇七〕「自動車産業の労使関係と国際競争力――生産・生産技術と労使関係の観点から」労働政策研究・研修機構。

ローリー・グラハム著、丸山惠也監訳〔一九九七〕『ジャパナイゼーションを告発する――アメリカの日系自動車工場の労働実態』大月書店。

安井明彦〔二〇〇三〕「ブッシュ政権の医療保険制度改革案」『みずほリサーチ』二〇〇三年三月三一日。

山崎清〔一九六九〕『GM――巨大企業の経営戦略』中公新書。

山崎憲〔二〇〇五〕「分裂劇にみる二つのアメリカンドリーム」『ビジネス・レーバー・トレンド』二〇〇五年一〇月号。

山崎憲〔二〇〇六a〕「アメリカ自動車産業――経営に協力する労使関係がもたらすもの」『ビジネス・レーバー・トレンド』二〇〇六年一一月号。

山崎憲〔二〇〇六b〕「GMの大合理化が示す労使関係の転機」『月刊労働組合』九月号。

山崎憲〔二〇〇七a〕「米国自動車産業の労使協調がもたらす労使関係の集権化と分権化」『社会政策学会誌』第一八号。

山崎憲〔二〇〇七b〕「UAWと米国自動車企業の労働協約〇七改訂」『月刊労働組合』八月号。

山崎憲〔二〇〇七c〕「UAWと米自動車メーカー三社の全国労働協約の改定交渉が収束――新局面を迎える生産性向上のための労使協調」『ビジネス・レーバー・トレンド』二〇〇七年一二月号。

山崎憲〔二〇〇七d〕「全米自動車労組ストの背景」『月刊労働組合』一一月号。

山崎憲〔二〇〇七e〕「新局面を迎える北米トヨタの現地適合――急進するUAWの労使協調とトヨタのグローバル化段階の進展」『工業経営学会誌』二一号。

山崎憲〔二〇〇八〕「米自動車産業で大リストラが進行中」『月刊労働組合』九月号。

山崎憲〔二〇〇九a〕「第八章労使関係のいま」黒田兼一・守屋貴司・今村寛治編『人間らしい「働き方」・「働かせ方」人事労務課管理の今とこれから』ミネルヴァ書房。

山崎憲〔二〇〇九b〕「米国自動車産業の労使関係の分権化がホワイトカラーの管理に与える影響」『労務理論学会誌』第一八号。

山崎憲〔二〇〇九c〕「なぜ米国政府はGMを救済したか?――日本への示唆を探る」『進路』二〇〇九年九月号、東武鉄道労働組合機関紙。

ヨアヒム・ヒルシュ著、木原滋哉／中村健吾共訳〔一九九七〕『資本主義にオルタナティブはないのか?――レギュラシオン理論と批判的社会理論』ミネルヴァ書房。

吉原英樹〔一九九二〕『日本企業の国際経営』同文館出版。

吉見俊哉〔二〇〇二〕『カルチュラル・スタディーズ』講談社選書メチエ。

鷲見篤〔二〇〇四〕「グローバル化と日本の自動車産業――日本的生産方式に関する課題と論点」『JILPT Discussion Paper Series 04. 009』労働政策研究・研修機構。

■雑誌記事

『日経ビジネス』一九九九年六月二八日号「北米トヨタ製造　無駄省く工場統括会社　物流、購買、改善を主導」。

――二〇〇〇年四月一〇日号「特集　トヨタはどこまで強いか」。

◉欧文文献

Adler, Paul. [1995] "Democratic Taylorism: The Toyota Production System at Nummi" (In) *LEAN WORK Employment and Exploitation in the Global Auto Industry*, Wayne State University Press, Detroit.

Adler, Paul S. [1999] *"Hybridization Human Resource Management at Two Toyota Transplants"* Remade in America edited by Jeffrey K. Liker, W. Mark Fruin & Paul S. Adler Oxford University Press.

Adler, Paul. S, Kochan, Thomas. A, McDuffie, John Paul, Pil, Frits K and Rubinstein, Saul [1997] *"United States: Variations on Theme"* In After Lean Production, ed. Kochan, Thomas A., Lansbury, Russel D., and Macduffie John Paul, pp/61-84, Ithaca, NY : Cornell University/ILR Press.

Allegretto, Sylvia., Bernstein, Jared. and Mishel, Lawrence. [2005] *The State of Working America 2004/2005*, Economic Policy Institute, ILR Press, Ithaca and London.

Allegretto, Sylvia., Bernstein, Jared. and Mishel, Lawrence. [2006] *The State of Working America 2006/2007*, Economic Policy Institute, ILR Press, Ithaca and London.

Babson, Steve. (ed.) [1995] *LEAN WORK : Empowerment and Exploitation in the Global Auto Industry*, Wayne State University Press.

Babson Steve, [1995] "Ambiguous Mandate : Lean Production and Labor Relations in the U.S.", *Confronting Change : Auto Labor and Lean Production in North. America*, ed. Steve Babson and Huberto Juarez Nunez, pp.23-51. Detroit : Wayne State University Press. t.

Babson, Steve. [1996] *UAW, Lean Production, and Labor-Management Relations at Auto Alliance in North American Auto Unions in Crisis-Lean Production, Lean Production as Contested Terrain*, State University of New York Press, Albany.

Barclay, Kathleen S. and Thivierge, Thomas. [2005] *The Future Human resource Professional's Career Model*, 'The Future of Human Resouce Management' Losey, Michael; Meisinger, Sue; Ulrich, Dave (ed.), Society for Human Resource Management Alexandria, Virginia.

Benett, James T. and Kaufman, Bruce E. (ed.) [2008] *What do Unions Do?* A Twenty-Year Perspective, Transaction Publishers,

New Brunswick and London.

Bernstein, Jared., Mishel, Lawrence. and Shierholz, Heidi. [2009] *The State of Working America 2008/2009*, Economic Policy Institute, ILR Press, Ithaca and London.

Bill, Leonard. [2002a] GM drivers HR to the next level: GM undergoes a transformation, and HR helps to steer the changes -Strategic HR- General Motors Corp.: Human resources- Company Profile, *HR Magazine*, 2002 March.

Bill, Leonard. [2002b] *Workforce Management* 1 March. 2004.

Block, Richard N. [2003] *Global Manufacturing and Collective Bargaining: A Case Study of GM's United States Lansing Grand River Assembly*, in Bargaining for Competitiveness Law, Research, and Case Studies, Kalamazoo, Mich, W.E. Upjohn Institute for Employment Research.

Bloom, Gordon F. and Northrup, Hurbert R. [1981] Economics of Labor Relations, 9th ed., Richard D. Irwin, Inc. Homewood Illinois.

Bud, John W. [1992] The Determinants and Extent of UAW Pattern Bargaining, Industrial and Labor Relations Review, Vol.45, No.3. (Apr., 1992), pp. 523-539.

Champlin, Dell P. and Knoedller, Janet T. [2003] "The Institutionalist Tradition in Labor Economics" (In) *Understanding Work & Employment: Industrial Relations in Transition,* Oxford University Press., NY pp. 195-226.

Clark, K. B. and Fujimoto, T. [1991] *Product Development Performance*, Harvard Business School Press, Boston. (藤本隆宏、キム・B・クラーク『製品開発力』田村明比古訳、ダイヤモンド社、一九九三年)

Cohen-Rosenteil, Edward (ed.) [1995] Unions, Management, and Quality, IRWIN

Cutcher-Gershenfeld, Joel [1991] The Impact on Economic Performance of a Transformation in Workplace Relations, *Industrial and Labor Relations Review*, Vol. 44, No. 2. (Jan., 1991), pp. 241-260.

Dassbach, Carl H. A. [1996] *Lean Production, Labor Control, and Post-Fordism in the Japanese Automobile Industry in North American Auto Unions in Crisis- Lean Production, Lean Production as Contested Terrain*, State University of New York Press,

Albany.

Dunlop, John T. [1958] *INDUSTRIAL RELATIONS SYSTEMS*, Southern Illinois University Press, Carbondale, Illinois.

Eaton, Adrienne E. and Voos, Paula B. [1989] The Ability of Unions to Adapt to Innovative Arrangements, *The American Economic Review*, Vol.79, No.2, Papers and Proceedings of the Hundred and First Annual Meeting of the American Economic Assosiation. (May, 1989), pp. 172-176.

Freedman, Anne [2005] Human resource executives at the nation's largest companes agree they must proactively manage their strategic talent needs if they needs if they hope to avoid a crippling skills gap, Human Resources Executive Online.

Graham, Laurie [1996] *The Myth of Egalitarianism: Worker Response to Post-Fordism at Subaru-Isuzu in North American Auto Unions in Crisis- Lean Production, Lean Production as Contested Terrain*, State University of New York Press, Albany.

Green, William C. [1996] *The Transformation of the NLRA Paradigm: The Future of Labor-Management Relations in Post-Fordist Auto Plants in North American Auto Unions in Crisis- Lean Production, Lean Production as Contested Terrain*, State University of New York Press, Albany.

Hunter, Larry W., Macduffie, John Paul., and Doucet, Lorna. [2002] What Makes Teams Take? Employee Reactions Reforms, *Industrial and Labor Relations Review*, Vol.55, No3. (Apr., 2002), pp. 448-472, Cornell University, School of Industrial & Labor Relations.

Jacoby, Sandord.M. [1985] *Employing Bureaucracy*, Columbia University Press.（荒又重雄・木下順・平尾武久・森杲訳『雇用官僚制』北海道大学出版会、1989年）

Jacoby, Sandord.M. [1997] *Modern Manors-Welfare Capitalism since the New Deal-*, Princeton University Press.（内田一秀・中本和秀・鈴木良始・平尾武久・森杲訳『会社荘園制』北海道大学図書刊行会、一九九九年）

Jacoby,Sanford M. [2005] *The Embedded Corporation*, Princeton University Press.（鈴木良始・伊藤健一・堀龍二訳「日本の人事部・アメリカの人事部」東洋経済新報社）

J.D. Power and Associates [2006] *2006 Detroit News Domestic Vehicle Avoider Study*, J.D. Power and Associates.

Katz, Harry C. [2004] *The Spread of Coordination and Decentralization without National-Level Tripartism "The New Structure of Labor Relations-Tripartism and Decentralization"*, Cornell University Press.

Katz, Harry C., Kochan, Thomas A. and Colvin, Alexander J.S. [2007] *An Introduction to Collective Bargaining and Industrial Relations* (Fourth Edition), McGraw-Hill, New York.

Katz, Harry C., Kochan, Thomas A., Lezear, Edward. and Eads, George C. [1987] *Industrial Relations and Productivity in the U.S. Automobile Industry*, Brookings Papers on Economic Activity, Vol. 1987, No.3, Special Issue On Microeconomic. (1987). pp.685-727.

Katz, Harry C., MacDuffie, John Paul. and Pil, Frits K. [2002] *Collective Bargaining in the U.S. Auto Industry' the 2002 IRRA Research Volume, Contemporary Collective Bargaining in the Private Sector*, Paul Clark, John Delaney and Ann Frost eds.,IRRA.

Katz, Harry C. and Darbishire, Owen. [2000]. *Converging Divergences: Worldwide Changes in Employment Systems*. Ithaca, NY, ILR Press.

Kaufman, Bruce E. [1993] *The Origins & Evolution of the Field of Industrial Relations in the United States*, ILR Press, Ithaca, New York.

Kaufman, Bruce E. [2003] "Industrial Relations in North America" (In) *Understanding Work & Employment: Industrial Relations in Transition*, Oxford University Press, New York, pp. 195-226.

Kaufman, Bruce E. [2004a] "The Institutional and Neoclassical Schools in Labor Economics", *The Institutionalist Tradition in Labor Economics*, M.E.Sharpe, Armonk, NY.

Kaufman, Bruce E. [2004b] "Industrial Relations In The United States: Challenges And Declining Fortunes", *The Global Evolution Of Industrial Relations, Events, Ideas and The IIRA International Labour Office*, Geneva, pp.369-380.

Kenny, Martin. and Florida, Richard. [1993] *Beyond Mass Production*, Oxford University Press, N.Y.

Kochan, Tomas A., Katz, Harry C. and Mckersie, Robert B. [1986] *The Transformation of American Industrial relations*. First

ILR Press ed., Basic Books, NY.

Kochan, Thomas A. [1998] "What Is Distinctive about Industrial Relations Research?" (In) *Researching the World of Work*, Cornell University Press, Ithaca, NY.

Kochan, Thomas A, and Lipsky, David B. (ed.) [2003] *Negotiations and Change-From the Workplace to Society*, ILR Press, Ithaca and London.

Leonard, Bill. [2002] GM drives HR to the next level: GM undergoes a transformation, and HR helps to steer the changes-Strategie HR-General Motors Corp.;human resource Company Profile, *HR Magazine*, March, 2002.

Liker, Jeffrey K.. Fruin, W. Mark. and Adler, Paul S. [1999] *Remade in America*, Oxford University Press, New York.

Liker, Jeffrey K. (ed.) [2004] *Becoming Lean, Inside Stories of U.S. Manufacturers*, Productivity Press, New York.

Lipset, Seymour M. and Meltz, Noah M. [2004] *The Paradox of American Unionism*, ILR Press, Ithaca and London.

Losey, Michael., Meisinger, Sue. and Ulrich, Dave. (ed.) [2005] *The Future of Human Resource Management-64 Thought Leaders Explore The Critical HR Issues of Today And Tomorrow*. Society for Human Resource Management. John Wiley & Sons, Inc., Hoboken, New Jersey.

Macduffie, John Paul. and Pil, Frits K. [1997] "Changes in Auto Industry Employment Practices: An international Overview, *After Lean Production*", ILR Press, NY.

MacDuffie, John Paul. [1996] Automotive White-Collar: The Changing Status and Roles of Salaried Employees in the North American Auto Industry, *Broken Ladders: Managerial Careers in The New Economy*. NY, Oxford University Press.

MacDuffie, John Paul and Pil, Frits K.; [1997] Changes in Auto Industry Employment Practices: An International Overview Practices: in Thomas A. Kochan, Russell D. Lansbury and John Paul McDuffie, *After Lean Production*, Ithaca, NY: Cornell University/ILR Press,9-44

MacDuffie, John Paul. and Pil, Frits K. [1999] *Transferring Competitive Advantage across Borders Remade in America*, Oxford University Press, New York

Malone, Thomas W. [2004] *The Future of Work*, Harvard Business School Press（高橋則明訳『フューチャー・オブ・ワーク』ランダムハウス講談社）

Nissen, Bruce.（Ed）[1997] *UNIONS AND WORKPLACE REORGANIZATION*, Wayne State University Press, Detroit, Michigan.

Osterman, Paul. [2008] *The Truth About Middle Managers-Who They Are, How They Work, Whay They Matter*, Harvard Business Press, Boston.

Osterman, Paul., Kochan, Thomas A., Locke, Richard M., and Piore Michael J. [2001] *Working in America; A Blueprint For The New Labor Market*, MIT Press, Cambridge.

O'toole, James. and Lawler, Edward, E., Ⅲ [2006] The New American Workplace, Palgrave Macmillan, N.Y.

Parker, Mike. and Slaughter, Jane. [1992] *Working Smart: A Union Guide to Participation Programs and Reengineering/With Union Strategy Guide*, Detroit, Labor Notes（「戸塚秀夫監訳『米国自動車工場の変貌』緑風出版、一九九五年）

Parker, Mike. and Slaughter, Jane. [1995] Unions and Management by Stress", *Lean Work Employment and Exploitation in the Global Auto Industry*, ed. Stebe Babson, pp. 41-53. Detroit: Wayne State University Press.

Puick, Vladimir. [1984] *White Color Human Resource Management-A Company of the U.S. and Japanese Automobile Industries*, Division of Research Graduate School of Business Administration, the Univesity of Michigan, Working Paper No.391.

Rajan, Raghuram G. and Julie, Wulf. [2003] *THE FLATTENING FIRM: EVIDENCE FROM PANEL DATA ON THE CHANGING NATURE OF CORPORATE HIERARCHIES*, Working Paper 9633, http://www.nber.org/papers/w963, NATIONAL BUREAU OF ECONOMIC RESEARCH.

Ron, Harbour. [1995, 2001, 2002, 2003, 2004] *The Harbour Report North America 1995, 2001, 2002, 2003, 2004; Manufacturing Analysis Company By Company; Plant By Plant*, Harbour and Associates, Troy, MI.

Rubenstein, Saul A. and Kochan, Thomas A. [2001]. *Learning from SATURN*. NY, Cornell University, ILR Press.

Shipler, David K. [2004] *The Working Poor Invisible in America with a Ner Epilogue*, Vintage Books.

Sloan, Jr. Alfred P. (ed.by) McDonald, John; Stevens, Catharine [1963] *My Years with General Motors*, Doubleday & Company, Inc., Garden City , New York.（田中融二・狩野貞子・石川博友訳『GMとともに　世界最大の経営哲学と成長戦略』ダイヤモンド社）

Sugrue, Thomas J. [1996] *The Origin of the Urban Crisis*, Princeton University Press.（川島正樹訳「アメリカの都市危機と『アンダークラス』自動車都市デトロイトの戦後史」明石書店、二〇〇二年）

Snyder, Carl Dean. [1973] *White-Collar Workers and the UAW*, University of Illinoi Press, Urbana, Chicago.

U.S. Department of Labor, U.S. Bureau of Labor Statistics [2005] *A Profile of the Working Poor*, 2003.

U.S. Department of Labor, U.S. Bureau of Labor Statistics [2006] *A Profile of the Working Poor*, 2004.

Weekley, Thomas L, and Wilber, Jay C. [1995] *United Auto Workers and general Motors Quality Network: General Motors Total Quality Management Process for Customer Satisfaction in Unions, Management, and Quality*, IRWIN.

Weekley, Thomas L, and Wilber, Jay C. [1996] *UNITED WE STAND*. NY, McGraw-Hill.

Wells, Donald M. [1996] *New Dimensions for Labor in a Post-Fordist World in North American Auto Unions in Crisis- Lean Production, Lean Production as Contested Terrain*, State University of New York Press, Albany.

Womack, James P., Jones, Daniel T. and Roos, Daniel. [1990] *The Machine That Changed The World*, NY, Harper Perennial.

Womack, James P., and Jones Daniel T. [1996] *LEAN THINKING: Banish Waste and Create Wealth in Your Corporation, Revised and Updated*, Free Press.

Womack, James P., Jones, Daniel T. and Roos, Daniel. [1990] *THE MACHINE THAT CHANGE THE WORLD-THE STORY OF LEAN PRODUCTION*, Rawson Associates.

Yanarella, Erenest J. [1996a] *The UAW and CAW Under the Shadow of Post-Fordism: A Tale of Two Unions in North American Auto Unions in Crisis- Lean Production, Lean Production as Contested Terrain*, State University of New York Press, Albany.

Yanarella, Erenest J. [1996b] *Worker Training at Toyota and Saturn: Hegemony Begins in the Training Center Classroom in North American Auto Unions in Crisis- Lean Production, Lean Production as Contested Terrain*, State University of New York Press, Albany.

■各種入手資料

Agreement between DaimlerChrysler and the UAW, September 29, 2003, Production, Maintenance and Parts.

The Brookings Institution Center on Urban and Metropolitan Policy [2003] Living Cities: The National Community Development Initiative, Detroit in focus: A Profile from Census 2000.

Daimler Chrysler 内部資料 [1999] Letters, Memoranda and Agreements, 1999 Production, Maintenance and Parts Agreement between Daimler Chrysler and the UAW.

Daimler Chrysler 内部資料 [2005a] *Team Based Manufacturing Core Training.*

Daimler Chrysler 内部資料 [2005b] *Team Based Manufacturing Core Training-Participant Handouts.*

General Motors Corp. 内部資料 [1999] *Action Strategy Summary.*

GM-UAW Quality Network 内部資料 *Quality Network VPAC Awareness Training.*

GM University（内部資料 [2004] *Providing Candid Constructive Performance Feedback Leader Guide.*

UAW-GM Center for Human Resources 内部資料 [2005a] *Partnering for Quality.*

UAW-GM Center for Human Resources 内部資料 [2005b] *Partnering for Performance-Navegationg Change: Charting Your Course, Gordon Graham & Company Presents.*

2003 UAW-DaimlerChrysler Contract Settlement Agreement, Pension & Appendix.

2003 UAW-DaimlerChrysler Contract Settlement Agreement, Production & Maintenance and Parts Depot.

2003 UAW-DaimlerChrysler Contract Settlement Agreement, Exhibits.

2003 UAW-DaimlerChrysler Contract Settlement Agreement, Office & Clerical and Engineering.

2006 Detroit News Domestic Vehicle Avoider Study, Conducted for The Detroit News by J. D. Power and Associates, December 11, 2006.

■新聞記事

Automakers more productive, *Detroit News*, June 19, 2003.

Big 3 build cars in less time *Detroit News*, June 18, 2003.

Big Tab for Big 3, *Detroit News*, Sept. 2003.

Bush Takes a Walk on Medicare Reform, *Detroit News*, June 16, 2003.

Bush urges Congress to move quickly on Medicare prescription drug plan, *Detroit News*, June 11, 2003.

Candidates push universal plans, *Detroit News*, June 6, 2003.

Chrysler shows significant improvement in productivity report *Detroit News*, June 18, 2003.

DaimlerChrysler, union at odds on contracts, *Detroit News*, Jan.12, 2004.

Ford must streamline 'too bureauctratic' structure, departing exec says, *Detroit Free Press*, Oct.2, 2007.

Ford plant retools work rules, *Detroit News*, July 6, 2006.

Japanese still lead auto productivity *Detroit News*, June 19, 2003.

Medicare drug bill wins bipartisan support, *Detroit News*, June 13, 2003.

Poll shows fixing Medicare not a top priority, *Detroit News*, June 17, 2003.

Record deficit is forecast, *Detroit News*, June 11, 2003.

Senators report financial holdings, including energy, pharmaceuticals, *Detroit News*, June 14, 2003.

Senior on verge of drug relief, *Detroit News*, June 12, 2003.

UAW chief professes optimism about upcoming labor talks, *Detroit News*, June 17, 2003.

UAW locals Chrysler look horns over contracts, *Detroit News*, May.27, 2004.

UAW resists Chrysler rules, *Detroit News*, Oct. 28, 2004.

UAW won't budge on health care, *Detroit News*, June 18, 2003.

Verizon And Its Unions Begin Contract TalksThe Kaiser Family Foundation, *Forbs*, June 16, 2003.

■ウェブサイト

トヨタUSAウェブサイト（http://www.toyota.com/about/ourbusiness）二〇〇九年九月一日閲覧。
Andy Stern on the New Momen, THE NATION インターネット版（Nov.25, 2008）二〇〇八年一二月二六日閲覧。
Chrysler Group paces auto industry productivity gains（http://www.uawndm.com/index.htm）二〇〇五年五月二五日閲覧
Office of Labor-Management Standards. Employment Standards Administration. U.S. Department of Labor. Form LM-2 labor Organization Annual Report.（http://www.dol.gov/esa/olms/regs/compliance/revisedlm2.htm）二〇〇九年三月一日閲覧
Putting out cost at GM, HR Management 二〇〇八年九月一一日閲覧。
General Motors（http://www.gm.com/）二〇〇九年九月一日閲覧。
HARBOUR REPORT 2006, ダイムラー・クライスラーウェブサイト、二〇〇六年六月二二日閲覧
The Harbour Report TM（http://www.harbourinc.com.）二〇〇九年九月一日閲覧。
The Henry J. Kaiser Family Foundation　WEB サイト（http://www.kff.org/）二〇〇八年一二月二〇日閲覧
Quality and productivity, How do UAW-represented plants stack up against the competition in terms of quality and productivity? UAW　WEB サイト二〇〇六年九月五日閲覧。
UAW（http://www.uaw.org/）二〇〇九年九月一日閲覧。
UAW-Chrysler National Training Center（http://www.uaw-chrysler.com/）二〇〇九年九月一日閲覧。
UAW-Ford National Programs Center（http://www.uawford.com/）二〇〇九年九月一日閲覧。
UAW-GM Center for Human Resources（CHR）（https://www.uawgmjas.org/j/）二〇〇九年九月一日閲覧。

533
Air

著者紹介

山崎 憲（やまざき・けん）

1967年生まれ。独立行政法人労働政策研究・研修機構国際研究部副主任調査員（アメリカ担当）。博士（経営学、明治大学）。東京学芸大学国際文化教育課程欧米研究専攻を卒業後、日本労働研究機構に入職。外資系企業の人事労務管理、海外派遣者、日本企業の国際化に関する調査等を担当したのち、2003年から2006年まで在デトロイト日本国総領事館専門調査員として米国自動車産業の動向を労使関係を中心に調査する。

主な著書・論文として『人間らしい「働きかた」・「働かせ方」』（黒田兼一・守屋貴司・今村寛治偏著、ミネルヴァ書房、2009年）、『職場におけるコミュニケーションの状況と苦情・不満の解決に関する調査（企業調査・従業員調査）JILPT 調査シリーズ No. 58』（労働政策研究・研修機構、2009年）、「米国自動車産業の労使協調がもたらす労使関係枠組みの変化」（『労務理論学会誌』第16号、2007年）、「新局面を迎える北米トヨタの現地適合―急進するUAWの労使協調とトヨタのグローバル化段階の進展」（『工業経営研究』vol. 21、2007年）、「米国自動車産業の労使協調がもたらす労使関係の集権化と分権化」（『社会政策学会誌』第18号、2007年）、「米国自動車産業の労使関係の分権化がホワイトカラーの管理に与える影響」（『労務理論学会』第18号、2009年）などがある。

デトロイトウェイの破綻　**日米自動車産業の明暗**

2010年6月1日　初版第1刷発行

著者……………山崎 憲
装丁……………宮脇宗平
発行者…………木内洋育
編集担当………田辺直正
発行所…………株式会社旬報社

〒112-0015 東京都文京区目白台 2-14-13
電話（営業）03-3943-9911
http://www.junposha.com/

印刷・製本……株式会社シナノ

ISBN978-4-8451-1173-2